高等学校实验课系列教材

矿山灾害防治实验指导书

主　编　许石青　李波波　韦善阳
参　编　江泽标　余照阳　章壮新

EXPERIMENTATION

重庆大学出版社

内容提要

本书结合安全工程专业(煤矿安全方向)本科生专业课程教学内容组织相关实验项目内容进行编写,重点在于煤矿安全方面的实验项目,具体包括矿井通风与防尘,矿井火灾、瓦斯、粉尘等相关灾害防治的实验。

本书可作为高等教育安全工程专业的实验教材,也可作为研究生实验教材。

图书在版编目(CIP)数据

矿山灾害防治实验指导书/许石青,李波波,韦善阳主编. -- 重庆:
重庆大学出版社,2023.11
高等学校实验课系列教材
ISBN 978-7-5689-4224-9

Ⅰ.①矿… Ⅱ.①许… ②李… ③韦… Ⅲ.①矿山—灾害防治—
实验—高等学校—教材 Ⅳ.①TD7-33

中国国家版本馆 CIP 数据核字(2023)第 240435 号

KUANGSHAN ZAIHAI FANGZHI SHIYAN ZHIDAOSHU
矿山灾害防治实验指导书

主 编 许石青 李波波 韦善阳
副主编 江泽标 余照阳 章壮新
策划编辑:杨粮菊
责任编辑:文 鹏 版式设计:杨粮菊
责任校对:邹 忌 责任印制:张 策

*

重庆大学出版社出版发行
出版人:陈晓阳
社址:重庆市沙坪坝区大学城西路 21 号
邮编:401331
电话:(023)88617190 88617185(中小学)
传真:(023)88617186 88617166
网址:http://www.cqup.com.cn
邮箱:fxk@cqup.com.cn(营销中心)
全国新华书店经销
重庆长虹印务有限公司印刷

*

开本:787mm×1092mm 1/16 印张:7.75 字数:196 千
2023 年 12 月第 1 版 2023 年 12 月第 1 次印刷
ISBN 978-7-5689-4224-9 定价:39.00 元

前言

  矿山灾害防治实验是安全工程专业人才培养与教学、科学研究计划中重要的实践环节。通过相关实验，可使学生更扎实地掌握本专业基本理论知识、实验能力和科学的实验方法，能将理论联系实践，将知识应用到具体的工程实践中，学会分析和解决复杂的工程问题。本实验指导书适用于以矿山灾害防治为专业方向的安全工程本科生实验教学使用和以矿山安全研究为主的安全科学与工程方向的研究生进行科学研究实验使用。

  本书是编者多年实验的教学心得和经验总结，在现有的实验条件和设备基础上，力图适应"十四五"高等教育改革，更好地满足以矿山灾害防治为专业方向的安全工程专业本科生及安全科学与工程方向的研究生实验要求。

  本实验指导书分为矿井通风实验、煤的物理性质实验测试、矿山安全类实验等，包含了矿山通风、防尘、瓦斯及瓦斯治理、矿井火灾、煤的物性测试分析等实验；实验项目的设计与安排是基于教学和研究的需要，主要根据安全工程本科生实验教学学时和实验时长进行实验项目设计和安排，对于实验时间超长的研究生实验项目则未安排。

  本书对以矿山灾害防治为专业方向的安全工程类专业实验具有较好的指导作用，对于其他相近或交叉学科的工程类专业实验教学具有一定的参考价值。本书由许石青（正高级实验师）、李波波（教授）、韦善阳（副教授）、江泽标（副教授）、章状新（教授）、余照阳（讲师）联合编写，在编写过程中参考了较多相关实验指导书、标准与规范。同时，本书得到了安全工程专业国家一流专业建设点项目经费的资助，在此表示感谢！本实验指导书得到设备厂商的大力支持，在此对设备厂商表示特别的感谢！

  由于编者水平有限，书中难免有不足和疏漏之处，恳请批评指正！

编 者

目录

实验一
矿内气候条件的测定

建议学时:2
实验类型:验证
实验要求:必做

一、实验目的

通过实验掌握正确测定空气温度、湿度、大气压力的方法。

二、实验要求

通过所测数据学会查表计算空气相对湿度,计算空气重率及密度。

三、仪器设备

标准温度计、干湿温度表、风扇湿度计、毛发湿度计、水银湿度计、空盒气压计等。

四、实验内容

$$空气重率:r = \frac{0.464\ 5P}{T}\left(1 - \frac{0.377\ 9\phi P_{sa}}{P}\right)(\text{kgf/m}^3) = C\frac{P}{T}$$

$$空气密度:\rho = \frac{3.484P}{T}\left(1 - \frac{0.377\ 9\phi P_{sa}}{P}\right)(\text{kg/m}^3) = C'\frac{P}{T}$$

式中:P——所测地点空气的绝对压力,重率计算式中单位为毫米汞柱(mmHg,1 mmHg ≈ 133.3 Pa),密度计算式中为千帕(kPa);

T——所测地点的绝对温度,K,$T = (273.15 + t)$ K;

P_{sa}——温度为 T 时空气中饱和水蒸气压力,其单位和 P 相同(由教材《矿井通风》黄元平主编 P14 表 1-5 查出)。

1. 温度 t 的测定

温度 t(℃)一般使用标准温度计来测定,其最小刻度为 0.1。读数时,视线一定要与水银液面平行,口鼻不能对着水银球呼气。每根标准温度计都附有一张校正单,列出不同温度时的校正值。准确的空气温度 $t = t_读 + \Delta t_校$。

2.大气压力测定

常用槽式(定槽式或动槽式)水银气压计,见教材《矿井通风》(黄元平主编,后同)P12 图 1-2 动槽工水银气压计、空盒气压计(教材《矿井通风》P12 图 1-3)、自记压力计来测定空气绝对压力。

槽式水银气压计读数为毫巴,毫巴与汞柱之间的关系为:1 mbar = 0.75 mmHg。气压计的读数值还应按仪器说明书进行各种校正,才能得到准确值。本实验的水银气压计为 DYM1 型,仪器差订正值为 -0.1 mbar(仪器号为 040024)。

①重力订正,包括纬度和高度的订正:纬度订正是将气压读数值 $P_读$ 订正到相当于纬度 45° 时的气压值,$\Delta P_4 = -0.002\ 65 \times P_读 \times \cos 2\phi$,$\phi$ 为测定地点的纬度;高度订正是将气压读数值订正到相当于海平面的气压值,$\Delta P_h = -1.96 \times 10^{-7} \times P_读 \times h$,$h$ 为测地点的海拔高度(m)。当气压表处于海平面以上时,ΔP_h 为负;海平面以下时,ΔP_h 为正。重力订正 $\Delta P_g = \Delta P_4 + \Delta P_h$。

②温度订正:是将气压计读数值订正到相当于 0 ℃ 时的气压值,$\Delta P_t = P_t \times \dfrac{-0.000\ 163\ 4t}{(1+0.000\ 181\ 8t)}$ $(P_t = P_读)$。可见,当 $t > 0$ ℃ 时,订正值为负;反之为正。$P = P_读 + P_g + P_t + $ 仪器订正值。例如,贵阳的纬度为 26°34′,海拔高度为 1 030 m,温度为 26 ℃ 时,$P_读$ 为 890 mbar,仪器订正值为 +0.2 mbar,则 $P = P_读 + (\Delta P_4 + \Delta P_h) + \Delta P_t + \Delta P_{仪校}$,$P = [890 + (-1.41 - 0.18) - 3.76 + 0.2]$ mbar $= 884.85$ mbar $= 663.64$ mmHg。

3.湿度测定

①利用 HM14 型湿度计来测定空气的湿度。该型湿度计是根据脱脂后的人发能随相对湿度的变化而改变其长度的特性而设计的。测量范围为 3% ~ 100%,最小分格为 1%,仪器误差不大于 ±5%,工作温度为 -35 ℃ ~ 45 ℃。

②利用干湿温度计来测定空气湿度。常用的有手摇温度计、风扇湿度计(教材《矿井通风》黄元平主编 P15 图 1.5 及图 1.6)、干湿温度表。它们都有两支温度计:一支在水银球处包裹纱布,用水打湿,称为湿球温度计;一支不裹纱布,称为干温度计。利用手的转动(以 250 r/min 的转速旋转 1 ~ 2 min)或利用风扇的转动通风(在湿球周围形成 2.5 m/s 的风速,等待 1 ~ 2 min)使湿温度计因水蒸发吸热而使水银柱下降。当干、湿温度计指示稳定后,立即读出各自的数值,然后根据 $\Delta t = (t_干 - t_湿)$℃ 的数值,查仪器所附表格(利用 Δt 和 $t_湿$ 来查),或查教材《矿井通风》P15 表 1.5(利用 Δt 和 $t_干$ 来查),查出 $t_干$ 所对应的空气相对湿度。注意手不能碰到水银球部分,以免影响读数值。

当 $t_干$ 或 Δt 值不为整数时,查《矿井通风》P15 表 1.5 时,可用内插法。

例如,当 $t_干 = 19$ ℃,$\Delta t = t_干 - t_湿 = 1.6$ ℃,用内插法求出空气的相对湿度 ϕ 值。

当 $t_干 = 19$ ℃,$\Delta t = 1$ ℃ 时,$\phi = 91\%$。

当 $t_干 = 19$ ℃,$\Delta t = 2$ ℃ 时,$\phi = 81\%$。

当 $t_干 = 19$ ℃,$\Delta t = 1.6$ ℃ 时,$\phi = \left(91 - \dfrac{91-81}{10} \times 6\right)\% = 85\%$,或 $\phi = \left(81 + \dfrac{91-81}{10} \times 4\right)\% = 85\%$。

同理,当 Δt 为非整数时,或 $t_干$、Δt 均为非整数值时,均可用内插法求算。

表 1.1　数据记录表

名称	$t_{标读}$	$\Delta t_{校}$	t_d	t_w	$P_{水读}$	$P_{水仪订}$	$P_{空}$	$\phi_{毛}$
单位								
数值								

表 1.2　计算结果表

名称	Δt	ϕ	P	r	ρ	C	C'
单位							
数值							

表中, $t_{标读}$——标准温度计读数值。

$\Delta t_{校}$——标准温度计读数条件下对应的校正值。

t_d——机械干湿球温度计所读的干球温度值。

t_w——机械干湿球温度计所读的湿球温度值。

$P_{水读}$——水银气压计的读数值。

$P_{水仪订}$——水银气压计的订正值。

$P_{空}$——空盒气压计的读数值。

$\phi_{毛}$——毛发湿度计的读数值。

Δt——干湿球温度计的温差。

ϕ——计算出的空气相对湿度。

P——某一温度下大气压的真实值。

r——某一温度下空气容重。

ρ——某一温度条件下空气密度。

C——空气容重计算式中的系数。

C'——空气密度计算式中的系数。

实验二
风流点压力的测定及断面上速度分布图的测绘

建议学时:3
实验类型:综合
实验要求:必做

一、实验目的和要求

通过实验加深相对压力的概述,验证风流点压力 $h_{静}$、$h_{全}$、$h_{速}$ 之间的关系,学会测量 $h_{静}$、$h_{全}$、$h_{速}$ 及管道某断面风流的基本操作,掌握计算断面的平均风速、风量的方法。

二、仪器设备

毕托管、YYT-200 型倾斜微压计、胶管、装有通风机(吸尘器)的透明管道以及气压计、温度计。

实验装置布置如图 2.1 所示。

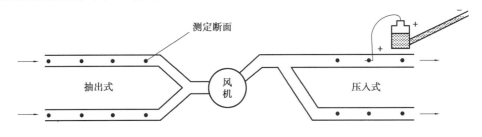

图 2.1　实验装置布置

三、测定步骤

(一)风流点压力的测定

1. 整平仪器

眼睛看着倾斜微压计底座上的水准泡,通过旋动仪器底座下的调平螺丝将水准泡调到圆孔中心,仪器就调平了。

2. 微压计酒精柱调零

将转换器把手调到校准位置,转动零位调整螺丝使玻璃内液体的弯月面与 0 刻线相切,捏动连通转换器与液柱相连的胶管使液面变动,如液面较迅速地对正零位,说明转换器未堵,若不能对零位而停在 0 以下,应向教师报告。

3. 安装毕托管

所用毕托管和转换器构造如图 2.2 所示。将皮托管正、负端分别接上一根胶管,然后将毕托管插入管道测孔中,使毕托管头迎着风流,平行管道位于管道中心,并将毕托管固定好。

4. 毕托管与微压计的连接法

(1)位于抽出式一侧的测点

将毕托管正、负端的胶管分别与接在转换器负端上的胶管相连接,分别用于测点的全压 $h_全$ 和静压 $h_静$。

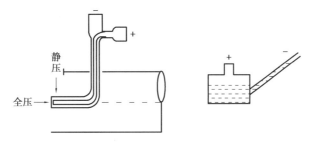

图 2.2　毕托管和转换器构造

(2)位于压入式一侧的测点

将毕托管正、负端的胶管分别对应连通转换器正端的胶管相连接,就可分别测定压入一侧测点的全压 $h_全$ 和静压 $h_静$。

(3)速压 h_v 的测定

将毕托管正、负端的胶管分别对应连通转换器正、负端的胶管,即可测速压 h_v,无论是压入式还是抽出式均如此。

5. 测定数据

打开风机,当风机运行稳定后,将微压计转换器把手由校准位置扳向测量位置,这时转换器的正、负端分别接通大容器,倾斜玻璃管,按步骤 4 的接法,玻璃管液面上升,待液面稳定后,读数、记录。

(二)风流断面上速度分布图的测绘

$$R_i = d\sqrt{\frac{2i-1}{8n}}\left(\text{如两环,则 } R_l = d\sqrt{\frac{2\times1-1}{8\times2}} = \frac{d}{4}\right)$$

本步骤与测定步骤(一)不同之处在于毕托管安设的位置。

1. 关于测点个数及位置

由于断面内各点的风速是不相等的,因此需要定若干个不同位置的点风速来进行计算。那么,如何测定有限个数的点风速来比较准确地得到断面的平均风速呢?通常是将管道断面分为若干个等面积环,每环布置两个或 4 个测点,如图 2.3 所示(两个等面积环),使 $S_A = S_B$。

用下式计算各测点管道中心的距离:

$$R_i = d \sqrt{\frac{2i-1}{8n}}$$

其中:R_i——第 i 环的测点距管道中心的距离,mm;

    i——由管道中心起算的等面积编号,如 B 为 1,A 为 2,$i=1,2,3,\cdots,K$;

    d——管道内壁直径,mm。

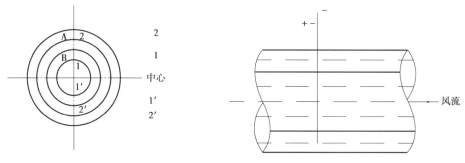

图 2.3   等面积环   图 2.4   测点布置(虚线为测点位置)

2. 各测点速压的测定

管道上已按 $n=2$ 时(如图 2.3 所示)画好各测点位置,用测速压的方法,分别测定点 2、1 中心、1'、2'处的速压 h_{v_i}。

测定时,注意毕托管安设位置,从上看毕托管与管道中心轴线重合,从正面看毕托管与前后所画测点线条重合。将各点 h_{v_i} 记入表 2-2 中,测量记录管径 $d(\mathrm{mm})$,$n=2$,用于绘图时计算测点位置。

注意:各小组只测一个断面,压入或抽出均可。

3. 计算空气重率

测气压计读数 P、温度 t(抽出式测室温,压入式测出口温度),利用实验一中的系数 C,用公式 $r = C \dfrac{P}{T}(\mathrm{kgf/m^3})$ 计算。

4. 算各测点风速 v_i 及断面平均风速和 K 值。

$$v_i = \sqrt{\frac{2h_{v_i}}{\rho}}$$

式中:h_{v_i} 的单位为 Pa;ρ 的单位为 kg/m^3。

    或

$$v_i = \sqrt{\frac{2gh_{v_i}}{r}}$$

式中:h_{v_i} 的单位为 mmH$_2$O(1 mmH$_2$O$=9.81$ Pa);r 的单位为 kgf/m^3(1 kgf$\approx$9.8 N);重力加速度 g 的单位为 m/s^2。

在上两式中,$i=1,2,$ 中心,$1',2'$。

$$V_{平均} = \frac{v_1 + v_2 + v_中 + v_1' + v_2'}{5}(\mathrm{m/s})$$

$$Q = V_{平均} \times S (\mathrm{m^3/s})$$

用下式算出平均风速与最大风速(中心风速)的比值:

$$速度场系数\ K=\frac{V_{平均}}{V_{大}}$$

按直径 d 和 $n=2$ 计算各点位置,自定比例画在图上,并点出对应的风速,连接各风速点的曲线,即为该断面的速度分布图。

数据记录表格见表 2.1、表 2.2。

表 2.1   数据记录表

单位:Pa   (1 mmH$_2$O=9.81 Pa)

工作方式	三压关系	h_t	h_s	h_v
压入式				
抽出式				

表 2.2   数据记录表

管径 $d_{抽}=$ _____mm 或 $d_{压}=$ _____mm,$n=2,K=0.3$

断面速度压测定		hv_1	hv_2	$hv_{中}$	hv_1'	hv_2'

注意:倾斜微压计测出的压力单位为 mmH$_2$O,倾斜微压计读出的压力值×微压计斜管所在的 K 值=测定压力实际值(通常 $K=0.3$)。

实验三
矿井通风阻力及摩擦阻力系数 a 值的测定

建议学时:3
实验类型:验证
实验要求:必做

一、实验目的

学习测算通风阻力及摩擦阻力系数 a 的方法,通过实验来验证风流运动方程。

二、实验要求

①掌握测定通风阻力,求算风阻、绘制风阻特性曲线的方法。
②根据压力分布情况,列出某两断面间的风流运动方程。
③掌握测算摩擦力系数的方法。

三、实验设备及仪器

与实验二相同。

四、测定步骤

①测定阻力的方法,测定阻力的测点位置如图 3.1 所示。

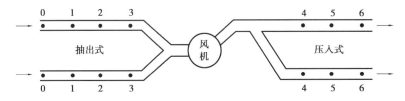

图 3.1 测定阻力的测点位置

②微压计调整水平等同实验二。
③测定两断面的静压差。

取两支毕托管,在其负端接上胶管后插入测点中心,固定好,依照风流方向,前一断面毕托管的负端与微压计负端相连接,后一断面毕托管的负端与微压计正端相连接,读取静压差,在抽出式一侧依次测定 0-1、1-2、2-3 断面间的静压差,在压入式一侧,测定 4-5、5-6、6-7 断面间的静压差。测点 7 的位置的找法:将接通微压计正端的那支毕托管放在压入式出口中心线的延长线上,往外移动,微压计指示的静压为零时,就是 7 点的位置,记下该位置与出口的距离。

④断面 2、5 的速压及管道风量计算。

测定断面 2、5 的中心速压 hv,计算出中心风速 $V_大$,利用实验二所得的速度均系数 K,计算出断面的平均风速和断面的速压、风量。

$$V_{平均} = K \cdot V_大 (\text{m/s})$$

$$V_大 = \sqrt{\frac{2ghv_大}{r}} (\text{m/s}) (\text{式中单位}:hv_大 \text{为 mmH}_2\text{O},r \text{为 kgf/m}^3,\text{重力加速度 } g \text{ 为 m/s}^2)$$

$$\text{或 } V_大 = \sqrt{\frac{2hv_大}{\rho}} (\text{式中单位}:hv_大 \text{为 Pa},\rho \text{为 kg/m}^3)$$

$$hv = \frac{V_{平均}^2}{2g}r (\text{mmH}_2\text{O}) (\text{式中单位}:r \text{为 kgf/m}^3)$$

$$\text{或 } hv = \frac{V_{平均}^2}{2}\rho (\text{Pa}) (\text{式中单位}:\rho \text{为 kg/m}^3)$$

$$Q = S \times V_{平均} (\text{m}^3/\text{s})$$

测量记录管径 d、各测点间的距离 L,计算断面面积 S 和周界 U。

⑤列出 1、3 两断面间及 4、6 两断面间各自风流运动方程:$h_{摩阻1-3} =$ ＿＿＿＿＿＿，$h_{摩阻4-6} =$ ＿＿＿＿＿＿。为了简化计算,假定抽出式一侧的断面面积与 2 断面相同,压入一侧与 5 断面相同。

⑥计算 1-3 断面的风阻:

$$R_{1-3} = \frac{h_{摩阻1-3}}{Q^2} (\text{N} \cdot \text{S}^2/\text{m}^8)$$

⑦测算摩擦阻力系数 a,并换算成标准值 $a_标$。

$$a_测 = \frac{h_{摩阻1-3} \times S^3}{U \times L_{1-3} \times Q^2} (\text{N} \cdot \text{S}^2/\text{m}^4 \text{ 或 kg/m}^3)$$

$$a_标 = \frac{1.2}{r} \times a_测$$

⑧绘制风阻特性曲线:取若干个风量值,利用 R_{1-3} 计算对应 Q_i 的 h_i,将它们标在直角坐标上,用曲线板连接这些点即得到风阻 R 的曲线。

⑨绘制压力坡度图。

⑩记录 P,t,r 的计算同实验二。

表 3.1　测定数据记录表

断面点号	0	1	2	3	4	5	6	7
测点间距/mm								

续表

断面点号	0	1	2	3	4	5	6	7
测点间静压差/mmH$_2$O								

a. $hv_{2中心} = $ _____ mmH$_2$O, $hv_{5中心} = $ _____ mmH$_2$O；

b. $d_2 = $ _____ mm, $d_5 = $ _____ mm；

c. $P = $ _____ mbar, $t = $ _____ ℃。

注意:倾斜微压计测出的压力单位为 mmH$_2$O,倾斜微压计读出的压力值×微压计斜管所在的 K 值=测定压力实际值(通常 $K = 0.3$)。

实验四
轴流式风机风室性能实验

建议学时:4
实验类型:验证
实验要求:必做

一、实验目的

学会通风机主要工作参数、风量 Q、风压 P、轴功率 N、转速 n(从而计算效率 η)的实验测定方法,通过实验得出轴流式风机的特性曲线(包括 P-Q 曲线、P_{st}-Q 曲线、N-Q 曲线、η-Q 曲线)。

二、实验要求

学会测定通风机的主要工作参数,通过测定数据,学会整理实验数据以及计算通风机的风量、风压、功率、效率,并能够绘出轴流式风机的特性曲线图(包括 P-Q 曲线、P_{st}-Q 曲线、N-Q 曲线、η-Q 曲线)。

三、实验装置与实验原理

根据国家标准 GB1236—2000 设计并制作了本实验装置,本实验采用 C 型装置—管道进口和自由出口实验法。流量测量采用毕托管测定法。装置如图 4.1 所示。

空气经过调节风阀 2 进入风管,在整流格栅 4 后部用毕托管和微压计测试管内静压 P_{e3} 及动压 ΔP_j,用温度传感器 8 测量 3 断面温度 t_3,用温度传感器 10 测量 2 断面温度 t_2,用大气压计 18 测量大气压力 P_a,然后计算得出断面平均流速 V 和风量 Q,通风机进口压力 p_1、通风机出口压力 p_2、通风机压力 P_{FC}、容积流量、通风机空气功率等。

用平衡电机 13 及平衡电机力臂测定轴功率 N。

风机效率 η 由测定的流量 Q、风压 P 和轴功率 N 用公式计算得出。

本实验台基准马赫数小于 0.15 和压比小于 1.02,根据国家标准 GB1236—2000 规定,流经通风机和试验风道的空气可以看作是不可压缩的:

$$\theta_1 = \theta_{sg1} = \theta_2 = \theta_{sg2} = \theta_3 = \theta_{sg3}$$

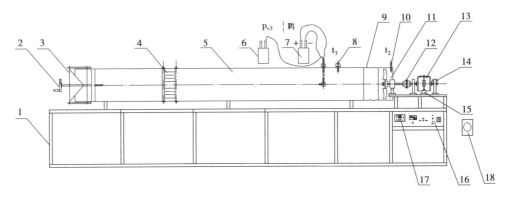

图 4.1   实验装置简图

1—支架;2—风量调节传动机构;3—调节尾门;4—整流栅;5—进气管;

6—静压测量传感器;7—动压测量传感器;8—进风温度传感器;9—风机风管连接件;

10—出气温度传感器;11—轴流风机;12—联轴器;13—平衡电机;14—转速传感器;

15—重力传感器;16—仪表盘;17—巡检显示仪;18—大气压计

实验风管内的温度可以测量,且

$$F_{M1} = F_{M2} = F_{M3} = 1$$
$$k_P = 1$$

可求试验条件下的通风机性能。

1. 用毕托静压管测定质量流量

$$p_3 = p_{e3} + p_a$$

式中:p_3——流量测量断面处的静压,Pa;

p_{e3}——流量测量断面处的表压,Pa;

P_a——测试地点的大气压力,Pa。

$$p_{e3} = \frac{1}{n}\sum_{j=1}^{n} p_{e2j} = \frac{1}{4}\sum_{1}^{4} p_{e3j}$$

$$\theta_{sg3} = t_a + 273.15$$

为了测定风量 Q,将风管断面分成等面积的圆环,测定各圆环的静压 P_{e3} 及动压 ΔP_j,测点位置如图 4.2 所示。

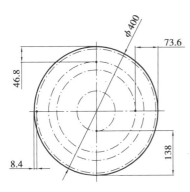

图 4.2 P_{dj} 测点位置、测点半径

本实验风管直径为 400 mm,分 4 个圆环测定 4 个点的动压 ΔP_j。

当手动采集时,将测得的动压按下式求平均值:

$$\Delta P_m = \left[\frac{\sqrt{\Delta p_1} + \sqrt{\Delta p_2} + \sqrt{\Delta p_3} + \sqrt{\Delta p_4}}{4}\right]^2$$

计算机数据采集时,分别将 4 个毕托管的滞止压力并联在一起,把 4 个静压并联在一起,然后接到差压传感器 7 和 6 上,以测量 P_{e3} 及动压 ΔP_m。

$$\theta_3 = \theta_{sg3}\left[\frac{p_3}{p_3 + \Delta p_m}\right]^{\frac{\kappa-1}{\kappa}}$$

$$\rho_3 = \frac{p_3}{R_W \theta_3}$$

式中: R_W——湿气体的气体常数,可取 $R_w = 288 \text{ J}/(\text{K} \cdot \text{mol})$;

κ——等熵指数,对大气, $\kappa = 1.4$。

质量流量 q_m 按下式确定:

$$q_m = \alpha \varepsilon \pi \frac{D_3^2}{4} \sqrt{2\rho_3 \Delta p_m}$$

式中: ε——膨胀系数, $\varepsilon = \left[1 - \frac{1}{2\kappa}\frac{\Delta p_m}{p_3} + \frac{\kappa+1}{6\kappa^2}\left(\frac{\Delta p_m}{p_3}\right)^2\right]^{0.5}$;

α——流量系数,系数取决于雷诺数,它由该截面直径 D_x 和平均速度 v_{mx} 导出,如:

$$R_{eDx} = \frac{\rho_x v_{mx} D_x}{\mu} = \frac{4q_m}{\pi D_x \mu} \approx 71 \times 10^3 \frac{q_m}{D_x}$$

本设备 $x = 3$,即本设备的测试断面 3 处:

$$R_{eD3} = \frac{4q_m}{\pi D_3(17.1 + 0.048t_3)} \times 10^6$$

对空气一般取 $\alpha = 0.99$ 即可,见表 4.1。

表 4.1　流量系数 α 取值表

R_{eDx}	3×10^4	10^5	3×10^5	10^6	3×10^6
α	0.986	0.988	0.990	0.991	0.992

2. 通风机进口压力

$$\theta_1 = \theta_{sg1} = \theta_2 = \theta_{sg2} = \theta_3 = \theta_{wg3} = t_a + 273.15$$

$$p_3 = p_{e3} + p_a$$

$$p_{sg1} = p_3 + \frac{1}{2}\rho_3 v_{m3}^2[1 + (\zeta_{3-1})_3] = p_3 + \frac{1}{2\rho_3}\left[\frac{q_m}{A_3}\right]^2[1 + (\zeta_{3-1})_3]$$

式中: $(\zeta_{3-1})_3 = -\Lambda \frac{L_{1-3}}{D_{h3}}$; $\Lambda = 0.14(R_{eDh3})^{-0.17}$; $R_{eDh3} = \frac{v_{m3}D_{h3}\rho_3}{\mu_3}$,当用于标准空气中时: $R_{eDh3} = \frac{v_{m3}D_{h3}}{15} \times 10^6$。

因为 $F_{M3} = F_{M2} = F_{M1}$,

$$p_{seg1} = p_{e3} + \frac{1}{2\rho_3}\left[\frac{q_m}{A_3}\right]^2[1 + (\zeta_{3-1})_3]$$

式中, p_{e3} 和 $(\zeta_{3-1})_3$ 为负值。

$$\rho_3 = \frac{p_3}{R_W \theta_{sg3}}$$

$$p_1 = p_{sg1} - \frac{1}{2\rho_3}\left[\frac{q_m}{A_3}\right]^2\left[\frac{A_3}{A_1}\right]^2 = p_{sg1} - \frac{1}{2\rho_1}\left[\frac{q_m}{A_1}\right]^2$$

或
$$p_{e1} = p_{seg1} - \frac{1}{2\rho_3}\left[\frac{q_m}{A_1}\right]^2$$

3. 通风机出口压力

通风机出口静压 p_2 等于大气压 p_a，即

$$p_2 = p_a$$

$$p_{e2} = 0$$

$$p_{sg2} = p_a + \frac{1}{2}\rho_3 v_{m2}^2 = p_a + \frac{1}{2\rho_3}\left[\frac{q_m}{A_2}\right]^2$$

$$p_{seg2} = \frac{1}{2\rho_3}\left[\frac{q_m}{A_2}\right]^2$$

4. 通风机压力

通风机压力 p_{FC} 和通风机静压 p_{sFC} 可按下式求得：

$$p_{FC} = p_{sg2} - p_{sg1} = p_a + \frac{1}{2\rho_3}\left[\frac{q_m}{A_2}\right]^2 - \left\{p_3 + \frac{1}{2\rho_3}\left[\frac{q_m}{A_3}\right]^2\left[1 + (\zeta_{3-1})_3\right]\right\}$$

$$= \frac{1}{2\rho_3}\left[\frac{q_m}{A_2}\right]^2 - \left\{p_{e3} + \frac{1}{2\rho_3}\left[\frac{q_m}{A_3}\right]^2\left[1 + (\zeta_{3-1})_3\right]\right\}$$

$$p_{sFC} = p_2 - p_{sg1} = p_a - p_{sg1} = -p_{esg1} = -\left\{p_{e3} + \frac{1}{2\rho_3}\left[\frac{q_m}{A_3}\right]^2\left[1 + (\zeta_{3-1})_3\right]\right\}$$

5. 容积流量计算

在进口滞止条件下，有

$$q_{Vsg1} = \frac{q_m}{\rho_{sg1}}$$

$$\rho_{sg1} = \frac{p_{sg1}}{R_W\theta_{sg1}}$$

6. 通风机空气功率的计算

$$P_{uc} = q_{vsg1}p_{FC}$$

$$P_{usc} = q_{vsg1}p_{sFC}$$

7. 通风机效率的计算

由通风机单位质量静功 y 来计算通风机静空气功率和静效率：

$$y = \frac{p_2 - p_1}{\rho_m}$$

$$\rho_m = \frac{\rho_1 + \rho_2}{2}$$

通风机静空气功率：

$$P_u = yq_m$$

供给通风机轴的机械功率用平衡电机测定：

$$P_a = \frac{2\pi nL(G - G_0)}{60 \times 1\,000}$$

式中:P_a——轴功率,kW;

n——风机转速,r/min;

L——平衡电机力臂长度,m;

G——风机运转时的平衡重力,N;

G_0——风机停机时的平衡重力,N。

通风机轴效率:

$$\eta = \frac{P_u}{P_a}$$

四、实验步骤

①按实验数据记录表(表4.2)的要求记录实验常数和仪器常数。

②按实验装置图(图4.1)接好各个实验设备和测试仪器(电源、微压计或压力传感器、毕托管测压系统或压力传感器、温度测量系统、平衡电机系统等)。

③将调节阀门调至全开状态,启动电机,运行稳定后记录各项实验数据。

④逐渐关小阀门开度,每调节一次阀门称为一个工况,记录每个工况所有的实验数据,至少要做7~8个工况。

⑤更换叶轮(每个叶轮的出口构造角 β_2 是不同的),重复步骤①、②、③、④测得另一种叶轮出口构造角的风机特性曲线。

五、实验数据记录及实验结果整理

①在实验过程中按表4.3记录各项实验数据。

②按表4.4对实验数据进行整理和计算(计算公式已在实验装置与实验原理中列出)。

③将整理过的数据绘制成 p_{FC}-q_{Vsg1}、P_a-q_{Vsg1} 和 η-q_{Vsg1} 曲线。

六、思考题

①试根据实验结果指出该风机的额定工况和风机最佳工作区。

②用风机相似率换算该型号 5# 风机,1 450 r/min 时的特性曲线。

③根据特性曲线绘制该风机系列的无因次特性曲线(即 $\overline{P}$-$\overline{Q}$ 曲线、$\overline{N}$-$\overline{Q}$ 曲线和 η-$\overline{Q}$ 曲线)。

七、注意事项

轴流式风机的特点是风量越小,轴功率越大,本实验不做关闭阀门的工况点,更不要在关闭阀门时启动电机,以防电机过载而烧坏。

表 4.2　实验数据记录表

被测风机型号为_____,风机叶片出口角 β_2 = _____

风机进出口直径　　　$D=400$ mm
风管直径 $D=400$mm,风管截面积 $A=\dfrac{\pi D^2}{4}=0.125\,6$ m^2

续表

平衡电机初始读值 $G_0 = $_____ N
平衡电机力臂长度 $L = $_____ m
空气温度 $t = $_____℃,空气密度 $\rho = $_____ kg/m³
水密度 $\rho_{H_2O} = 1\,000$ kg/m³,酒精密度 $\rho_0 = 800$ kg/m³

表4.3 轴流式风机性能测定实验记录

班级:

风机停止时,电机的平衡力 $G_0 = $_____ g;

平衡电机力臂长度 $L = $_____ cm;

通风管道内径_____ cm。

序号	测定项目								
	大气压力 /hPa	平均静压 /Pa	平均动压 /Pa	叶轮前 温度/℃	叶轮后 温度/℃	电机的 平衡力/g	风机转速 /(r·min⁻¹)	室温/℃	电机转速 /(r·min⁻¹)
1									
2									
3									
4									
5									
6									
7									
8									
9									
10									

表4.4 实验结果整理

工况	平均动压 Δp_3/Pa	断面平均 风速 v_{m3} /(m·s⁻¹)	风量 q_m /(m³·s⁻¹)	通风机 静压 p_{sFC}/Pa	通风机 压力 p_{FC}/Pa	风机全压 P/Pa	转速 n /(r·min⁻¹)	轴功率 P_a /kW	效率 η /%	备注
1										
2										
3										

续表

工况	平均动压 Δp_3/Pa	断面平均风速 v_{m3} /(m·s⁻¹)	风量 q_m /(m³·s⁻¹)	通风机静压 p_{sFC}/Pa	通风机压力 p_{FC}/Pa	风机全压 P/Pa	转速 n /(r·min⁻¹)	轴功率 P_a /kW	效率 η /%	备注
4										
5										
6										
7										
8										
9										
10										

[附1]坐标纸

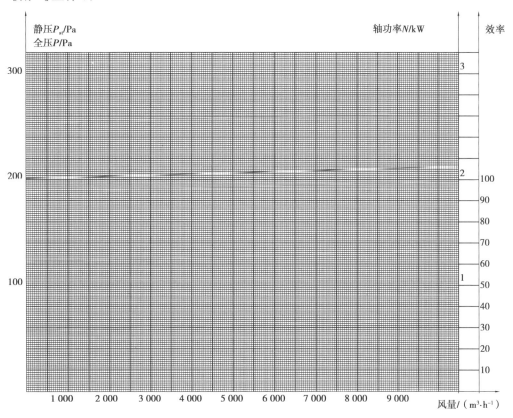

[附2]巡检仪通道设置

控制参数(一级参数)设定按 SET 键大于 5 s			
符号	名称	设定数值	
AT1	通道显示时间	AT1 = 3	
AA	断线报警	AA = 0	
CLK	设定参数禁锁	CLK = 132	
其他不设			
二级参数设定 CLK = 132 后同时按 SET 键和▲键 30 s 进入,按 Set 键依次设置			

符号	名称	设定数值	测试范围	传感器类型	传感器用途
DE	仪表设备号	4			
BT	通信波特率	9 600			
-n1	第 1 通道开	0	0 ~ 1 kPa	4 ~ 20 mA	断面 3 的平均动压
-n2	第 2 通道开	0	0 ~ 1 kPa	4 ~ 20 mA	断面 3 的平均静压
-n3	第 3 通道开	0	内部参数	Pt100.1 铂电阻	风机进口空气温度 t_3
-n4	第 4 通道开	0	内部参数	Pt100.1 铂电阻	风机出口空气温度 t_2
-n5	第 5 通道开	0	0 ~ 2 000 g	4 ~ 20 mA	力矩与重力
-n6	第 6 通道开		0 ~ 3 000 r/min	4 ~ 20 mA	风机转速
-n7	第 7 通道关	内部参数	Pt100.1 铂电阻	室内空气温度	内部参数
-n8	第 8 通道关	1			

第 1—6 通道二级参数设置:按 SET 键,在 PV 视窗显示 CLK,SV 视窗显示 132 的情况下,同时按下 SET 键和▲键 30 s,进入二级参数设定:

DE	仪表设备编号	04			
BT	通信波特率	05	9 600		
第 3、4、7 通道二级参数设置:					
1/2SL0	输入分度号	09	输入分度号		
1/2SL1	小数点	01	小数点		
1/2SL2	无	0	无		
1/2SL3	无	0	无		

1/2SL4	无	0	无		
1/2-Pb	零点迁移	根据情况	零点迁移		
1/2KKK	量程放大倍数	根据情况	量程放大倍数		
其他不设					
第6通道二级参数设置：					
3SL0	输入分度号	12	风机转速		
3SL1	小数点	0			
3SL2	无	0			
3SL3	无	0			
3SL4	无	0			
3-Pb	零点迁移	根据情况			
3KKK	量程放大倍数	根据情况			
3OUL	变送输出量程下限	0			
3OUH	变送输出量程上限	3 000			
3SLL	测量量程下限	0			
3SLH	测量量程上限	3 000			
其他不设					
第5通道二级参数设置：					
4SL0	输入分度号	12	力矩与重力		
4SL1	小数点	0			
4SL2	无	0			
4SL3	无	0			
4SL4	无	0			
4-Pb	零点迁移	根据情况			
3KKK	量程放大倍数	根据情况			
4OUL	变送输出量程下限	0			
4OUH	变送输出量程上限	2 000			

续表

4SLL	测量量程下限	0			
4SLH	测量量程上限	2 000			
其他不设					
第 1、2 通道二级参数设置：					
5/6SL0	输入分度号	12	动压/静压		
5/6SL1	小数点	0			
5/6SL2	无	0			
5/6SL3	无	0			
5/6SL4	无	0			
5/6-Pb	零点迁移	根据情况			
5/6KKK	量程放大倍数	根据情况			
5/6OUL	变送输出量程下限	0			
5/6OUH	变送输出量程上限	1 000			
5/6SLL	测量量程下限	0			
5/6SLH	测量量程上限	1 000			
其他不设					

实验五
现代化矿井通风系统演示、掘进通风与安全演示、轴流式通风系统演示

建议学时:2
实验类型:演示
实验要求:必做

一、实验目的

通过实验加深对现代化矿井通风的认识和对课本理论知识的理解;加深对掘进通风与安全以及轴流式通风系统各组成部分的理解。

二、实验要求

加深对煤矿生产中不同通风方式的优缺点和适用条件的理解,并能够根据不同的煤矿地质、技术、经济等因素选择合理的矿井通风方式;掌握矿井反风的原因、方式;能够理解掘进安全装备系列化的原因,加深对局部通风机可靠运转知识的掌握;能够加深对煤矿必须配备"三专两闭锁"原因和相关知识的理解和轴流式通风系统各组成部分的直观理解。

三、实验步骤

(一)现代化矿井通风系统演示

1. 实验设备

现代化矿井通风与安全系统模型如图 5.1 所示。

本模型由地面和地下两部分组成。地面部分有工业广场、井塔、皮带巷、煤仓、风井、植被等。地下部分有井筒、井底车场、运输大巷、运输上山、轨道上山、上中下部车场、掘进巷、回采工作面等。本模型再现了现代化矿井的整体布局,显示了井下各系统间的相互关联和空间位置关系。

本模型主要演示矿井通风系统即对角式、分区式、中央边界式及中央并列式等通风系统。各种系统的显示全部通过开关来实现。安全措施方面本模型制作有瓦斯抽放、注浆等演示。用流水灯流动的方向来表示风流的方向,绿灯表示新鲜风流,黄灯表示乏风。

图5.1　现代化矿井通风系统与安全演示装置

2.操作步骤(由教师操作讲解)

①打开"电源"开关,系统带电,可进行下一步操作。

②打开"对角式"开关,光带即显示对角式通风方式(流水灯流动,流动方向代表风流方向,绿灯为新鲜风流,黄灯为乏风风流,请学生观察,绿灯的流经路线和黄灯的流经路线)。风流路线:副井—井底车场—运输大巷—(分两翼)经采区下部车场到轨道上山—采区运输平巷—采煤工作面—采区回风平巷—回风石门—回风大巷—两翼风井至地面。

③打开"分区式"开关,光带即显示分区式通风方式。风流基本路线同上。风流至回风大巷后,经每个采区单独的风井至地面。

④打开"边界式"开关,光带即显示边界式通风方式。风流基本路线同上。每个采区的回风经回风大巷全部经中央风井排出。

⑤打开"中央并列式"开关,光带即显示中央并列式通风方式。风流基本路线同上。每个采区的回风经回风大巷—回风石门后,经主井排出。

⑥打开"全矿井反风"开关,光带即显示全矿井反风系统。

⑦打开"注浆"开关,光带显示采空区注浆。

⑧打开"瓦斯抽放"开关,光带显示瓦斯抽放。

⑨打开"主井"开关,演示主井箕斗上下运动提煤。

⑩打开"副井"开关,演示副井罐笼上下运动。

⑪演示完毕,将所有的开关复位。

3.注意事项

①模型主体采用木结构和有机玻璃制作,要防潮、防晒、远离热源,避免有机玻璃变形开裂。

②要有专人负责模型的日常维护、保养、清洁、操作。

③严禁非专业人员接触电路。

④供电电压为交流220 V。工作时严禁触摸内部电路,保证安全操作。

⑤搬移时,小心轻放,以免损伤内部各元件。

（二）掘进通风与安全演示

1. 实验设备

掘进通风与安全演示装置如图 5.2 所示。

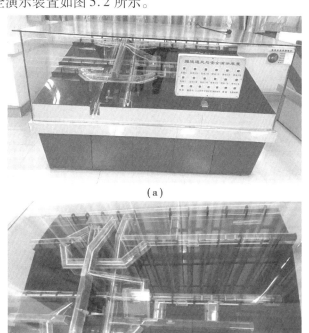

（a）

（b）

图 5.2　掘进通风与安全演示装置

任何一个新建矿井或生产矿井，在开拓、开采过程中，都必须开掘大量井巷，在井巷掘进时，为了排除瓦斯、矿尘和炮烟，需要对掘进工作面进行通风。但是由于掘进工作面没有贯穿风流，通风比较困难，所以掘进工作面发生有害气体中毒和爆炸事故所占比例相当高。为了保障煤矿职工的生命安全和健康，保障煤矿的安全生产，就必须做好掘进的通风工作。掘进工作面"三专两闭锁"双风机双电源能有效地解决矿井通风、供电与瓦斯间的矛盾，实现风电闭锁、瓦斯电闭锁，提高安全生产的效率，增强矿井的抗灾能力。

本模型除了反映实物的各种装置外，还可进行部分电动演示。它可由不可动部分反映高瓦斯掘进工作面的基本布局，还可进行个别部分的电动模拟演示。参观讲解时，首先介绍模型的整体情况，对不可动部分进行主要的讲解，以观看为主，在充分熟悉的基础上，再进行电动演示，给予学生更为直观的印象。

本模型是以"三专两闭锁"为主线而联系其他各个部分的，电动操作主要是针对其而定的。

2. 操作步骤

①检查各部件是否有卡死、脱落现象，确认正常后，再进行操作。

②接通电源，按下电源开关。

③综掘面演示:a. 按下"QA1"开关,风扇开始通风,控制网络通电。此时,CH4 开关"K1、K2"须先闭合。b. 按下总馈电开关"QA2",电能由变电所送至掘进巷。c. 按下"QA3"开关,掘进巷回风流段通电。此时可开启皮带机。d. 按下"QA4"开关,掘进头通电。此时可开启掘进机及各运输机。

④掘进头"瓦斯电"闭锁演示:掘进头处的瓦斯仪显示瓦斯浓度,当浓度达到 1% 时,报警声响起,但不断电;当浓度达到 1.5% 时,掘进头断电。

⑤如断开回风流瓦斯仪开关"K2",表示回风流巷瓦斯超限。此时,掘进巷全巷停电。

⑥"风电"闭锁演示:按下停止开关"TA1"时,风扇停止转动,随即切断一切电源。

⑦在演示模型和模拟演示盘上分别布置了炮采工作面,其风电、瓦斯闭锁原理与综掘相同。

3. 注意事项

①在演示之前将各功能开关复位。非专业人员切勿打开模拟盘,以免损坏线路。

②装置内部线路不要随意触摸,以免触电。需要搬动设备时,切记不要拉断电线。

③要严格按照操作说明进行操作,否则互锁功能不解除,不能启动相应设备。

(三)轴流式通风系统演示

1. 实验设备

轴流式通风机装置系统模型如图 5.3 所示。

图 5.3 轴流式通风机装置系统模型

对旋轴流式通风机结构组成比较简单,主要由进风口集流器、一级主机、二级主机、扩散器、圆变方风筒、消音器、扩散塔等部件组成。风机内置两台电机和二级工作叶轮,叶轮悬挂在电机轴端,采用毂键直联方式固定。风机工作时,二级叶轮反向旋转,形成对旋。风机内电机为专用防爆电动机,置于隔流腔内,并设通风道与外部大气相通,便于内置电机散热。在风机叶轮回转部分设铜环装置,避免摩擦产生火花,增加风机运行安全性。

对旋轴流式通风机自身结构简单,其性能优于其他风机,主要表现为电动机与风机叶轮为直联,改变了传统的长轴传动方式,减少了风道内通风阻力,降低了能耗,提高了传动效率。

模型采用透明材料制作,布置有电动机、联轴节、前隔板、主轴、进风口、中隔板、叶轮、主体风筒、中导叶、后导叶、后隔板、轴承、扩散芯筒、防爆盖、测压管、倒机风门、小绞车、消声装置、反风绕道、检查口等。

2. 操作步骤

①打开"电源"开关,系统处于待机状态。

②打开"风机"开关,风机运行。

③打开"进风门1开"开关,进风门1打开。

④打开"进风门1关"开关,进风门1关闭。

⑤打开"进风门2开"开关,进风门2打开。

⑥打开"进风门2关"开关,进风门2关闭。

⑦打开"反风门1开"开关,反风门1打开。

⑧打开"反风门1关"开关,反风门1关闭。

⑨打开"反风门2开"开关,反风门2打开。

⑩打开"反风门2关"开关,反风门2关闭。

3. 注意事项

①模型不能在日光下暴晒,以防止有机玻璃变形损坏。

②模型不能长时间停放在潮湿的环境中。

③所有的开关,在演示完毕后一定要复位并切断电源。

④模型要由专人负责管理、维护和保养。

四、思考题

①矿井通风系统的类型有哪些?各有什么优缺点及适用条件?

②采区通风系统由哪些部分组成?

③掘进通风方法有哪些?利用局部通风机通风有几种工作方式?各自的优缺点是什么?

④煤矿井下为什么要安装"双电源""双风机"?

⑤什么是"三专两闭锁"?煤矿井下为什么需要进行"三专两闭锁"要求?

⑥轴流式通风机系统由哪些部分组成?

实验六
矿井空气中含尘浓度的测定

建议学时:2
实验类型:验证
实验要求:必做

一、实验目的

了解矿尘的测定方法。

二、实验要求

了解滤膜测尘设备、测尘原理及主要设备的性能。

三、实验设备

滤膜、矿用粉尘采样仪(图6.1)、电子分析天平、秒表等。

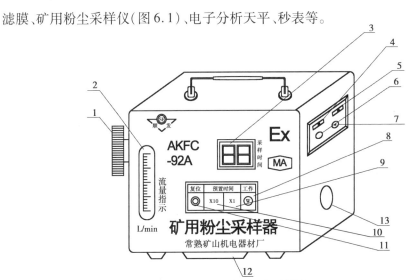

图6.1　矿用粉尘采样器

1—采样头连接座;2—流量计;3—采样时间显示窗;4—自动开关;5—手动开关;6—流量调节钮;7—充电插座;
8—工作按钮;9—置"个"按钮;10—置"+"按钮;11—复位按钮;12—三脚支架固定螺母;13—出气口

四、实验步骤

滤膜测尘方法、原理见相关教材,其原理如图6.2所示。

①采样前的准备工作:调平电子分析天平,从干燥器中用镊子夹出滤膜,放入分析天平的秤盘,进行称量记下滤膜质量 m_1(mg),再把滤膜取出,装入滤膜夹中,进行编号。

②采样:将滤膜夹装入采样器中,打开抽气装置的采样仪开关,同时进行计时,并保持采样时间内流量稳定在 15~30 L/min 内。采样时间的长短原则上是使采集的粉尘不低于 1 mg,也不大于 20 mg,以防因滤膜静电减弱造成粉尘脱落产生测尘误差。

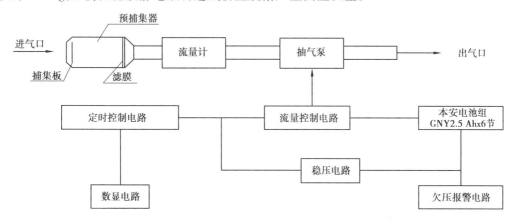

图6.2　滤膜测尘原理

③采样后称重:将滤膜由滤膜夹上取下,将含尘的一面向上,放入分析天平秤盘中进行称量,得到 m_2(mg)。

④计算粉尘浓度:

粉尘浓度
$$G = \frac{m_2 - m_1}{Q \cdot t} \times 1000 \, (\text{mg/m}^3)$$

式中:m_1——采样前滤膜的质量,mg;

　　　m_2——采样后滤膜的质量,mg;

　　　Q——流量计读数,L/min;

　　　t——采样时间,min。

注意:本实验因设备关系,不进行平行采样,而实际工作中需进行平行采样,即在同一测点,以相同流量限时测定两个样品,且两个样品测出的含尘浓度差值小于20%时,两个样品为有效样品,取其平均值作为采样点的含尘浓度,否则应重新采样。

$$\Delta g = \frac{\Delta G}{\dfrac{G_1 + G_2}{2}} \times 100\%$$

式中:Δg——平行样品差值;

　　　ΔG——平行样品计算结果之差,mg/m³;

　　　G_1、G_2——两个样品的计算结果,mg/m³。

五、思考题

①粉尘的危害有哪些？哪些粉尘具有爆炸性？

②容易引起爆炸的粉尘有哪些？

③不同粒径的粉尘在呼吸系统中分别沉降在哪些部位？多大粒径的颗粒物最容易引起尘肺病(煤肺病、矽肺病)？

实验七
煤尘爆炸性鉴定

建议学时:4
实验类型:设计性
实验要求:必做

一、实验目的

学会煤尘爆炸性鉴定的方法,通过对爆炸性煤尘加入岩粉进行抑爆实验测试,能够找出爆炸性煤尘的最佳岩粉配比;培养学生严谨的工作作风,锻炼其思维能力以及动手能力,从而锻炼学生在工程实际中思考问题、分析问题、解决问题的能力。

二、实验要求

加深对煤尘爆炸危险性及抑制煤尘爆炸相关知识的理解,通过对爆炸性煤尘一边进行实验一边根据具体情况进行思考设计而找出最佳岩粉配比的测定过程,学会爆炸性煤尘煤岩最佳配比的寻找方法。

三、实验设备

大管状煤尘爆炸性鉴定分析系统如图7.1所示。

四、实验原理

衡量煤尘是否有爆炸性,主要是测定煤尘云骤然接触一定温度有无燃烧的火焰,而衡量煤尘爆炸的危险程度,主要是根据煤斗中燃烧量的火焰长度与消除火焰所需的不燃物最低含量。

将试样装入试样管内,由高压气将试样沿试样管吹入玻璃管,造成尘云。有爆炸性的尘云遇到大玻璃管内的加热器后就燃烧,爆炸后的气体、粉尘由吸尘器经弯管吸入滤尘箱和吸尘器中。

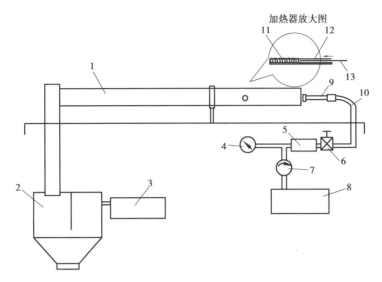

图 7.1　大管状煤尘爆炸性鉴定分析系统

1—大玻璃管;2—除尘器;3—吸尘器;4—压力表;5—气室;6—电磁阀;7—调节阀;
8—微型空气压缩机;9—试样管;10—弯管;11—铂丝;12—加热器瓷管;13—热电偶

五、实验步骤

(一)煤样的准备(由教师进行,本科生知道过程即可)

1.煤样的取样

以水平的每一煤层为单位,在新暴露的采掘工作面上采取煤样,由矿井的煤质和地质部门共同确定能代表该煤层煤质特性的地段为采样地点。在煤田地质勘探钻孔的煤芯中采取每个煤层的煤样,采取的煤样中不包括矸石。在采样时混入煤样中的矸石应除去。装样容器上必须系上不易损坏和污染的煤样采样标签。

2.采样方法

(1)煤层煤样

①平整煤层表面和扫净底板浮煤,然后沿着与煤层层理垂直的方向,由顶板到底板画两条直线。当煤层厚度在 1 m 以上时,直线之间的距离为 100 mm;当煤层厚度在 1 m 以下时为 150 mm,在两条直线间采取煤样,刻槽深度为 50 mm。

②在底板上铺一块塑料布或其他防水布,收集采下的煤样,除去矸石后全部装入口袋内,运输中不得漏失。

③倾斜分层法开采厚煤层时,可在每个分层的回采工作面上按照刻槽法采取。

④水平分层开采厚煤层时,沿煤层全厚,由上帮到下帮,在一条水平线上按照刻槽法采取。

(2)煤芯煤样

①煤层厚度小于 2 m 时,以全煤层煤芯作为一个煤样。煤层厚度大于 2 m 时,以 1 m 左右划为一个人工分层,作为一个煤样。如果煤层很厚,当煤层上下部煤质有显著不同时,可将分层厚度减小。

②如果煤芯是一个整齐的煤柱,用水洗净后,可用劈岩机等沿纵轴方向劈开,取 1/4 部分,除去矸石。如果煤芯中不含矸石,可在送煤质化验的 1/2 煤柱中分取一半,也可在破碎好的煤

样中直接缩取煤样。

③如果取出的煤芯不整齐,碎块较多或全为碎块时,应先用水洗净煤样,除去泥浆、钢砂及杂质等,干燥后分取1/4部分。

3.煤样的缩制

①按照国标对煤样进行缩制。

②对煤层煤样,在粒度小于3 mm的条件下缩取0.8 kg。

③对煤层取样,在粒度小于6 mm的条件下缩取0.8 kg;当质量不能满足要求时,可缩取0.6 kg。

4.煤样的包装

①装袋:将缩制好的煤样分成两份,每份0.4 kg(煤芯煤样不足时可取0.3 kg),分别装在完好的厚塑料袋内,每个煤样袋内放入一份塑料薄膜包裹好的标签。将袋口封好,然后倒过头来,再套上一个塑料袋,再放入一份标签,封好袋口。

②装箱:将一式两份中的一个煤样袋装入木箱。木箱盖上要写有"鉴定煤样"字样。另一个煤样袋由供样单位保存,直至对鉴定结果无疑问时为止。如有疑问,可将此样寄出送检。

③鉴定试样与工业分析试样的缩分:先用颚式破碎机将煤样破碎到粒径1 mm以下,然后用三分器将煤样缩分成3份,装在3个瓶中,第一份质量80 g,装入125 mL广口玻璃瓶中,用以制备鉴定试样;第二份质量约为50 g,装入125 mL广口玻璃瓶中,用以制备工业分析试样;第三份质量约为150 g,装入250 mL广口玻璃瓶中,作为存查煤样。装有3份试样的瓶上要贴上标签。

④粉碎前煤样的干燥:缩分后的煤样,如果潮湿而难以粉碎时,应将煤样放入白铁盘中(煤样厚度不超过10 mm),置于空气中晾干。或放在45~50 ℃电热鼓风干燥箱内干燥,除去外在水分(以过筛时不糊筛网为准)。

⑤鉴定试样的粉碎:用密封式制样粉碎机对80 g一份磨口玻璃瓶装的煤样进行粉碎,并用振筛机和筛孔为0.075 mm的标准筛过筛,使其全部通过筛子,装入原瓶中,作为鉴定试样。

⑥鉴定试样的干燥:将鉴定试样放在包铁盘中(煤样厚度不大于10 mm),置于电热鼓风干燥箱内,在105~110 ℃温度下干燥2 h,取出稍冷后放进装有硅胶的干燥器内,完全冷却后装入原瓶中备用。

⑦存查煤样的保存时间:从发出鉴定报告之日算起,有爆炸性的煤样保存3个月,无爆炸性的煤样保存1年。保存1年的煤样,除瓶上必须贴有标签外,瓶内还应放入一个用塑料薄膜包好的标签。

5.抑爆岩粉原料的质量要求

采用石灰岩作为岩粉的原料,其化学成分应符合以下要求:不含砷,五氧化二磷不超过0.01%,游离二氧化硅不超过10%,可燃物不超过5%,氧化钙不少于45%。

6.岩石采取总则

①采取的岩石要尽可能接近矿床的岩石性质。

②应在新暴露的岩层面上或采落不久的岩石堆上采取。

③不得采取含有其他夹石的岩石。

④采取的岩石必须附有采取说明书,需注明岩石编号、岩石名称、采样地点、采取方法、采取日期、采取人姓名等。

7. 岩石的采取方法

①在露天采石场或巷道的岩层上,选择适当地点,用刻槽法采取。刻槽的规格为宽度:深度=2:1,具体尺寸应根据采取量来定。如果用刻槽法采取有困难时,可用挖块法采取。在岩层上布置若干采石点,每点刨下 50 ~ 100 mm,每点采取的石块要尽量一样大。

②在岩石堆采取岩石时,可用布点拣块法采取。将岩石堆表面分成若干格子,在每个格子内的表面层下 100 ~ 200 mm 处拣石块,石块尽量一样大。

(二)煤尘爆炸性鉴定

①打开电源开关。

②打开空气压缩机开关,充压至 0.2 MPa。

③在 0.19 精度的架盘天平称取(1±0.1)g 鉴定煤样,将煤样聚集在试样管的尾端,插入弯管。

④将控制仪表设置为自动。

⑤开启加热器开关,使温度升至(1100±20)℃。

⑥按动喷尘按钮,将试样喷进大玻璃管内,造成尘云。

⑦观察煤尘通过加热器时是否产生火焰及火焰的长度。

⑧每试验完一个鉴定煤样,要清扫一次大玻璃管,并用牙刷顺着金属丝缠绕方向轻轻刷掉加热器表面上的浮尘。同时,开动装在室内窗上的排风扇进行通风,置换实验室内空气。

在 5 次鉴定试样试验中,只要有 1 次出现火焰,则该鉴定试样为"有煤尘爆炸性";在 10 次鉴定试样试验中均未出现火焰,则该鉴定试样为"无煤尘爆炸性"。凡是在加热器周围出现单边长度大于 3 mm 的火焰(一小片火舌)均属于火焰,而仅出现火星,则不属于火焰。

以加热器为起点向管口方向所观测到的火焰长度作为本次试验的火焰长度。如果这一方向未出现火焰,而仅在相反方向出现火焰时,应以此方向确定为本次试验的火焰长度。选取 5 次试验中火焰最长的 1 次火焰长度作为该鉴定试样的火焰长度。

(三)对有爆炸性的煤尘进行隔爆实验

进行煤粉与惰性岩粉混合的配比测定,找出所需的最低配比量(请学生自行进行设计)。

进行煤粉与惰性岩粉的配比后,测定其是否会发生爆炸的步骤与煤尘爆炸性鉴定相同。

六、使用与维护

①仪器应安放在干燥、通风、无腐蚀性气体的地方,环境温度和相对湿度要符合技术指标要求。

②仪器使用一段时间后,应将温度显示器、热电偶一起送计量检定部门校正。

③使用时,试样管应对准大玻璃管的中央,并与加热器在同一水平。

④仪表如出现电气故障,请按图 7.2 所示的电气原理图检查,请熟悉业务的专业人员修理。

⑤在搬运仪表时,注意避免损坏仪器及玻璃器皿。

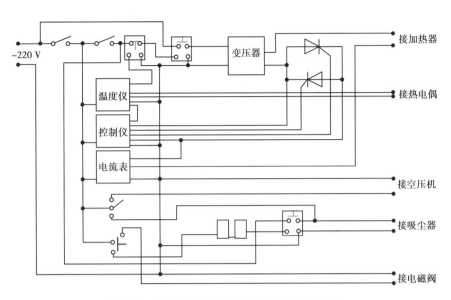

图 7.2　煤尘爆炸性鉴定分析系统电气原理图

七、实验设备主要技术指标

①电源:220×(1±10%)V,50 Hz。

②试样量:1 g/次。

③试样粒度:0.075 mm。

④工作环境:

a. 温度:0～50 ℃。

b. 相对湿度不低于85%。

⑤加热器温度:(1100±20)℃。

八、思考题

煤尘爆炸浓度是多少? 煤矿生产中怎样防止煤尘爆炸的发生?

实验八
煤的工业分析

建议学时:6
实验类型:综合
实验要求:必修

一、实验目的

学会进行煤的工业分析,通过实验培养动手能力,提高分析思维能力。

二、实验要求

通过对煤的工业分析实验,进行煤中水分、灰分、挥发分和固定碳含量百分数的测定,掌握煤中水分、灰分、挥发分测定的基本原理和方法以及观察评判焦渣的结构特征。通过实验使学生了解煤的工业分析原理、方法、步骤、仪器设备等知识,并通过煤的工业分析指标和焦渣的胶结状态对煤的品种作大致的了解。

三、仪器设备

WS-G818 全自动工业分析仪如图 8.1 所示。

图 8.1　WS-G818 全自动工业分析仪

四、实验原理

煤的工业分析也称煤的技术分析或实用分析,包括水分、灰分、挥发分产率和固定碳等含量的质量分数的定量测定。根据煤的水分和灰分的测定结果,可以大致了解煤中有机物或可燃物的质量分数;从煤的挥发分产率可初步了解煤中有机物的性质以及煤中固定碳可以粗略表示煤中有机物的性质。仪器检测原理为热重分析法,它将远红外加热设备与称量用的电子天平以及自动称量机构结合在一起,在特定的气氛条件、规定的温度、规定的时间内称量试样在受热过程中的质量变化,以此计算出试样的水分、灰分、挥发分和固定碳等工业分析指标。

五、实验分析内容

1. 煤中水分的测定原理

湿煤样置于空气中,室温条件下水分能不断蒸发,当与环境空气的相对湿度达到平衡时,所失去的附着在煤颗粒表面上的水分称为外在水分,残留在煤样中的水分称为内在水分,这两者之和称为全水分。测定方法是在 105 ~ 110 ℃温度下,将煤样干燥后,用煤样失去的水分质量与原煤样质量之比来表示它的水分质量分数 M_{ad}:

$$M_{ad} = \frac{m_1}{m} \times 100\%$$

式中:M_{ad}——一般分析试验煤样的水分质量百分数,%;

m——称取的一般分析试验煤样的质量,g;

m_1——煤样干燥后失去的质量,g。

2. 煤中灰分的测定原理

煤中灰分是指煤在一定温度下完全燃烧后剩下的残渣。煤中灰分来自煤的矿物质,由于有些矿物质在加热过程中要发生分解,所以它的组成和质量与煤中矿物质不完全相同。煤的灰分不仅影响煤的发热量,还对煤的加工和利用带来一些有害的影响。测定煤的灰分产率对鉴定煤的质量及决定煤的使用价值等方面有重要意义。

称取粒径为 0.2 mm 的一定质量的煤样,将其在(815±10)℃的条件下燃烧,残留物质量占原试样的质量分数表示其分析基灰分 A_{ad}:

$$A_{ad} = \frac{m_1}{m} \times 100\%$$

式中:A_{ad}——煤样中灰分的百分数,%;

m——称取的一般分析试验煤样的质量,g;

m_1——灼烧后残留的质量,g。

3. 煤中挥发分的测定原理

称取粒径小于 0.2 mm 的一定质量的空气中的干燥煤样,放入带盖的瓷坩埚内,在(900±10)℃的温度下,隔绝空气加热 7 min,立即将坩埚从炉中取出,在空气中冷却 5 ~ 10 min,再置于干燥器冷却至室温 20 ~ 30 min 后称量。煤中有机质发生热分解而生成气(汽)态产物(除 W_f 外)占煤样的质量分数,也即是析出的那部分可燃物质,就是煤的挥发分 V_{ad}:

$$V_{ad} = \frac{m_1}{m} \times 100\% - M_{ad}$$

式中:V_{ad}——煤样中挥发分的百分数,%;

　　　m——称取的一般分析试验煤样的质量,g;

　　　m_1——煤样加热后减少的质量,g;

　　　M_{ad}——一般分析试验煤样水分的质量百分数,%。

4. 煤中固定碳的计算

分析煤样固定碳含量可根据煤的工业分析指标,按下式计算:

$$FC_{ad} = 100 - (M_{ad} + A_{ad} + V_{ad})$$

式中:FC_{ad}——煤的固定碳的百分数,%;

　　　M_{ad}——一般分析试验煤样的水分质量百分数,%;

　　　A_{ad}——煤样中灰分的百分数,%;

　　　V_{ad}——煤样中挥发分的百分数,%。

六、测定流程

1. 煤样的制取(由教师准备)

采样地点采取的测试煤样,如果潮湿,自然风干后,用破碎机破碎成粒度为 5 ~ 10 mm 的颗粒后,充分搅拌,采用四分法最后留下 250 g 制成粒度小于 0.2 mm 的煤样,全部装入自封袋中或者磨口玻璃瓶中备用。

2. 气体准备

打开氧气瓶手轮,调节氧气瓶减压器,使减压器的低压表的显示压力为 0.20 MPa。

3. 开启电源

先接好打印机、计算机、分析仪的电源,然后按顺序开启打印机、计算机、分析仪的电源开关,分析仪必须预热 30 min 以上。

4. 运行仪器的测试程序

选择"工作测试"菜单,输入相关的试样信息后仪器首先自动称量空坩埚质量。空坩埚称量完毕后,系统提示放入试样,然后系统称量试样质量并开始加热。升温到107 ℃恒温25 min(温度与恒温时间可自定义设置)后开始称量坩埚,当前后两次称量的坩埚质量变化不超过系统设定值(默认 0.000 6 g)时,水分分析结束,系统报出水分测定结果。然后系统控制高温炉继续升温,系统会打开氧气阀,向高温炉内通氧气,气体流量控制在 3.5 L/min 左右。高温炉温度升到815 ℃、恒温规定的时间后,系统会自动打开上盖开始降温,同时关闭氧气阀,当高温炉温度降到设定值时,仪器自动称量各坩埚质量。当前后两次称量的坩埚质量变化不超过系统设定值(默认 0.000 6 g)时,灰分分析结束,系统报出灰分测定结果,挥发分升温到900 ℃且稳定后,系统会自动将试样送到高温炉内灼烧 7 min,然后自动降到恒温室内冷却,接着进行下一个试样的灼烧。当挥发分所有的试样灼烧完成后,系统对高温炉进行冷却,一直冷却到设定的温度和时间就开始称量挥发分坩埚质量,系统报出挥发分测定结果。当水分、灰分、挥发分的测试结果都出来后,系统会自动打印结果或报表(如果在系统设置中设置了打印)。

5. 测试试样

启动计算机后,运行测试程序,进入"系统设置"菜单,设置好各栏目,然后进入"硬件诊断"菜单,试运行分析仪的各部件是否正常(建议点击"转动复位"按钮,转盘要求转到 1 号位置,分析仪转盘上标有箭头的坩埚孔应正好停在秤杆的正上方),如果正常则可进入"工作测试"菜单,选择测试方法。其他均可按系统提示进行操作。

选择了测试方法后,在系统的表格上输入试样名称,每输完一个按回车键后输入下一个试样名称。加入煤样时,需要确定放试样的位置,此位置应与分析仪内的转盘上的坩埚位置一一对应。如果测试的试样不足 20 个,请从 1 号位置开始按顺序将试样坩埚放置到转盘上,为保持转盘转动平稳,转盘的其他位置也请放上坩埚。称量坩埚或试样时,分析仪会自动盖上炉盖。空坩埚称量完毕(系统自动记录空坩埚质量)就可加入试样,试样称量完毕,试样全部加完后,点击"开始分析",高温炉开始升温进行测试。

七、操作步骤

1. 日常测试操作顺序

第 1 步,插上加热电源插头,打开仪器电源、计算机电源、打印机电源,打开气瓶阀门。

第 2 步,将擦拭干净的空坩埚摆放在仪器前面,将需要测试的试样摆放在仪器的旁边。

第 3 步,启动"G818 全自动工业分析仪测试程序",并点击测试按钮(图 8.2)。

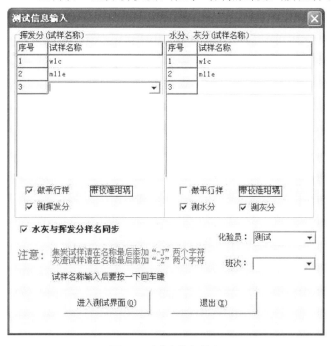

图 8.2　测试信息输入

第 4 步,在需要测试的项目前打钩,并在对应的试样名称列表中输入试样名称,选择好化验员姓名。在"做平行样"前打钩,则会为每一个试样名称分配两个连续的坩埚位置。在"水灰与挥发分样名同步"前打钩,这表示挥发分名称列表与水灰完全相同,不用再需要在水灰名称列表中输入试样名称了。输入完所有信息后,点击"进入测试界面"按钮,进入测试界面。点击"退出",则会提示确定是否退出"测试信息输入"窗口,选择"确定",则返回主界面。如果选择测挥发分,则必须将挥发分部分仪器的电源打开;如果选择测水分或者测灰分,则必须将水灰部分仪器的电源打开。详细操作见测试信息输入。

第5步,从放样口取出所有的坩埚(如果有的话),进入工作测试界面后依次转动检查。

第6步,进入测试界面(图8.3)。选择的测试项目不同,在测试界面的表格中显示的数据列有所不同。

图8.3 测试界面

(1)挥发分部分

点击"称重"按钮(根据不同的称量方式,显示的按钮不一样),看到提示"可以在××号位置放上坩埚,放好坩埚后请按下降按钮",按提示操作,称量空坩埚的质量。空坩埚质量称量完成后,转盘会自动上升,这时软件会提示"可以在××号坩埚添加×××试样,再盖上坩埚盖,放好后请按下降按钮",称量试样质量。如果放的试样质量不合适,软件会提示添加或者减少试样,然后重新称量试样质量。如果试样质量合适,手动按下"转动"按钮,将需要放下一个试样的坩埚转动到称量位置。依次下去,直到放完所有试样。在放不同试样时,需要将放样勺擦拭干净。

点击"开始测试"按钮。开始测试后,需要查看仪器的加热指示灯是否发亮,如果不亮,请检查是否插上了加热电源。如果已经开始加热,就可等待测试结果了。

注意:如果试样没有水分,一定要在试样称量残重之前输入水分。如果水灰部分有与挥发分部分相同名称的试样,那么会在水分测试完成后将水分填入挥发分同名试样中。

挥发分试样质量要求:煤为0.9~1.1 g,焦炭为1.3~1.5(可以手动在系统设置中设置)。

(2)水灰部分

点击"开仪器盖"按钮,打开仪器上盖,从转盘的复位位置开始,放上干净的水灰坩埚,然后点击"称空坩埚"按钮,仪器会自动关上仪器上盖,然后开始按顺序称量空坩埚,空坩埚称量完成后,仪器自动打开仪器上盖。然后点击"称样重",转盘会自动复位,如果第1个坩埚是校准坩埚,会自动转过称量位置,等待称量第2个坩埚。软件会提示放入试样的名称,放好试样后,按"转动"按钮,转盘自动下降称量试样质量。如果试样质量合格,则会自动转动到下一个坩埚,如果试样质量不合格,那么软件会提示试样质量是多少,并提示允许的质量范围,根据提示的质量范围添加或者减少试样质量后,再按"转动"按钮称量试样质量,直到合格。

当试样质量称量完成后,"开始测试"按钮可以使用,如果选中了"称完样重后直接进入测试"选项,那么在称量完试样质量后,仪器自动开始测试。

水灰试样质量要求:0.5~0.8 g。

第7步,测试完成,等待恒温室冷却后将坩埚取出,倒出残渣,然后将不干净的坩埚放入马弗炉中(或者在水灰部分的仪器中,可以通过"功能→灼烧挥发分坩埚"菜单进入"灼烧挥发分坩埚"界面,盖上仪器盖,再点击"开始灼烧"按钮即可)灼烧干净,以便下次使用。

2.测试完成后关机

退出程序,关闭计算机,关闭仪器电源,关闭加热电源开关,关闭气瓶上的阀门,关闭打印机电源。

3.追加试样步骤

在进入测试界面后,在表格中的试样名称和试样个数都不能改变了。考虑中途有可能送来试样,那么软件在开始测试之前,都可以添加试样。步骤如下:

第1步,在测试界面上点击鼠标右键,选择"添加试样",如果挥发分部分需要添加就在上半部分点击右键(图8.4),如果水灰部分需要添加就在下半部分点击右键,再点击"添加试样"菜单。

第2步,点击菜单后出现如图8.5所示的界面。选择好煤种和输入完试样名称后,再点击"添加"按钮,就可将试样添加到数据表格中。当所有试样名称添加完成后点击"完成"按钮,窗口关闭。需要注意的是,挥发分试样添加必须是成对添加,否则"完成"按钮不可用。

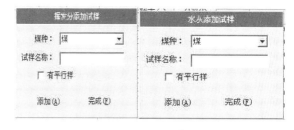

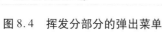

图8.4 挥发分部分的弹出菜单　　　　图8.5 添加试样界面

第3步,添加完所有试样后,挥发分部分点击"开始称量",可以称量剩下的所有没有称量完成的试样,水灰部分点击"称样重"按钮(注意在称量过样重后的添加,必须点击"称样重"按钮),程序会弹出一个对话框要求选择要称量的坩埚位置,选择好后点击"全部选好了"按钮,程序则开始称量。对称量了空坩埚重的试样,则只称量试样质量。对追加的试样则会提示先放空坩埚,然后再称量样重。

第4步,称量完所有试样质量后可以开始试验。

4.工作测试

所有测试过程都在主要工作界面完成。

第一步,先打开仪器电源,打开氧气钢瓶的气阀,打开打印机电源,启动程序,进入程序后点击"测试"菜单下的"工作测试"菜单,这样就会进入图 8.2 所示的界面。

第二步,选择测试项目。在图 8.2 界面中可以选择(在方框中打钩)需要测试的项目,程序可以单独或者任意组合 3 种测试项目,默认是 3 种项目全部测试。如果没有选测水分,那么在测试界面的水分一栏的数据需要人工输入。

第三步,选择好需要测试的项目后,输入试样名称,然后点击"进入测试"按钮,进入测试界面(图 8.3)。

根据选择的测试项目的不同,界面稍稍有点不同。如果不测试水分,则没有水残重一列;如果不测试挥发分,则挥发分的 4 列数据都不会显示;如果不测试灰分,则灰分的 3 列数据不会显示。如果在进入时通信不正常,则只有"退出"按钮可以使用;如果通信正常,则"称空坩埚"按钮可以用。

第四步,称空坩埚。先按顺序从 1 号坩埚开始放好坩埚,需要按软件坩埚号列中指定的位置放好坩埚。在称空坩埚之前一定要将坩埚擦干净,并使炉温降低至 40 ℃以下(系统设置中样重称量的温度上限)。坩埚放好后,点击"称空坩埚"按钮,程序将按顺序称量空坩埚。在空坩埚称量完成后会有提示并自动将 1 号坩埚转动到复位位置,如果发现有空坩埚称量不正确,可以重新点击"称空坩埚"按钮,会弹出图 8.6 所示的界面,选择需要称量的坩埚序号再称量一次。

第五步,称样重。在称好空坩埚后,开始按照试样名称对应的坩埚位置放入相应的试样。试样质量要求为 0.8 ~ 1.2 g,测试项目不同,试样质量不同。如果是单个称量试样质量,软件会自动提示。所有的试样放好后,点击"称样重"按钮,开始称量试样质量。

注意:1、2 号坩埚是校准坩埚,不能放入试样,如果不小心放入,则需要立即取出,擦拭干净。如果在系统设置界面中没有选择"使用校准坩埚",则 1、2 号坩埚可以放入试样。

当某个坩埚内的试样放错后需要重新放样时,有两种情况:第一种情况是不更换坩埚,只是将坩埚内试样倒出,擦干净坩埚重新放样,这时需要选中对应的行,然后点击鼠标右键,选择需要称量试样质量,再重新放样,再点击"称样重"按钮;第二种情况是需要更换新的坩埚,选中对应的行,点击鼠标右键,选择需要称量空坩埚,再选择需要称量试样质量,然后称量空坩埚、放样,再点击"称样重"按钮。放错试样或者需要重新称量空坩埚可以在将其他所有空坩埚称量完成后,再点击"称量空坩埚",此时会出现如图 8.6 所示的界面,在这个界面中选中需要重新称量的坩埚序号就可以了。

第六步,开始试验。当所有试样质量都称量完成后,点击"开始试验"按钮,仪器升温,进入自动分析过程。

第七步,试验完成。在所有测试项目完成后,如果选择打印,则程序会立即打印当前的测试结果。

停止试验:这个按钮可以中途停止"称空坩埚""称样重"和测试过程。

退出测试界面:如果正在称量或者测试,请先点击"停止试验"按钮,等待仪器停止工作后再退出。

注意:由于停电等其他意外造成程序退出,程序能够记住最后的测试状态,在重新进入程序时会提示是否继续试验,如果选择继续,程序会恢复到上次的状态。用户可以继续上次的操作。如果已经开始试验,继续测试则可能造成结果不准确。

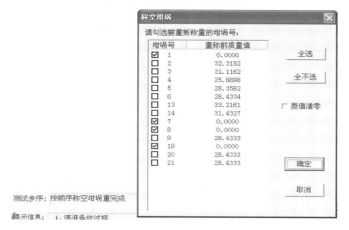

图 8.6　称量空坩埚界面

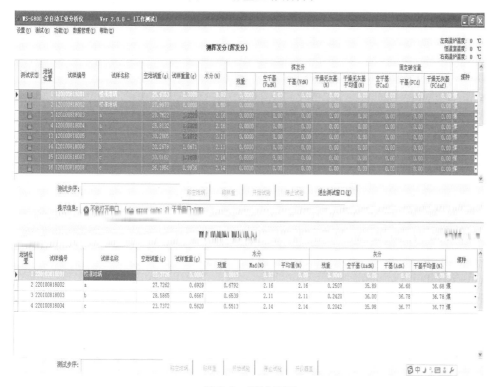

图 8.7　测试界面

在测试界面上半部分点击鼠标右键,可以看到挥发分部分弹出菜单;在测试界面下部分点击鼠标右键,可以看到水灰部分弹出菜单,如图 8.8 所示。

重新称空坩埚:当选择的空坩埚不合适,需要重新称量时,可以选择此菜单。

重新称样重:当选择的试样质量不合适,需要重新称量时,可以选择此菜单。

当前试样是灰渣:如果当前选择的行是测灰分的,则此菜单可以用,当设置成灰渣后,此行的背景色变为粉红色,同时在灰分列中会增加"灰渣可燃物"列,在表格最后增加"是灰渣"列。全部水灰试样是灰渣:此菜单是一次性设置所有水灰试样为灰渣。

41

图 8.8　挥发分部分和水灰部分的弹出菜单

硬件状态:选择此菜单或者按"F2"键,可以弹出一个对应的硬件状态信息窗口(挥发分部分和水灰部分的硬件状态信息窗口不同),如图 8.9 所示。

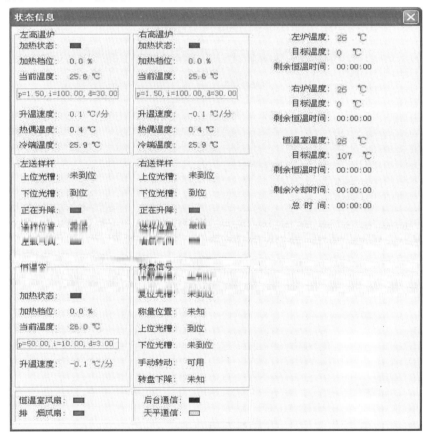

图 8.9　硬件状态信息

显示平均值:如果选中此菜单,则会显示水分、挥发分、灰分的平均值,否则不会显示。如果没有选中,保存的历史数据表中还是会有平均值,只是在测试界面没有显示而已。

测试参数信息:如图 8.10、图 8.11 所示。

在这里可以设置本次试验的测试方法和称量方式。

全部测试完成后××min 自动开盖:如果选中了此项,则在测试完成后等待设置的时间后自动打开仪器上盖;如果没有选择,则测试完成后不会自动开盖。建议等待 20 min 以上后开盖,

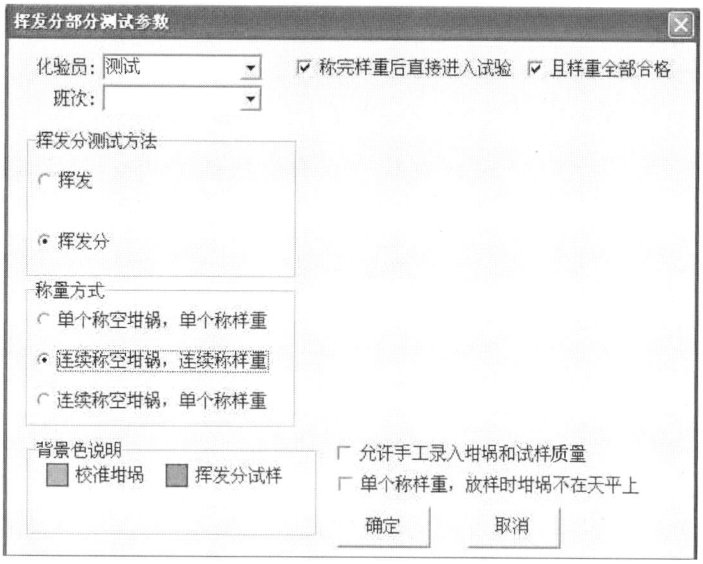

图 8.10 设置挥发分部分测试参数

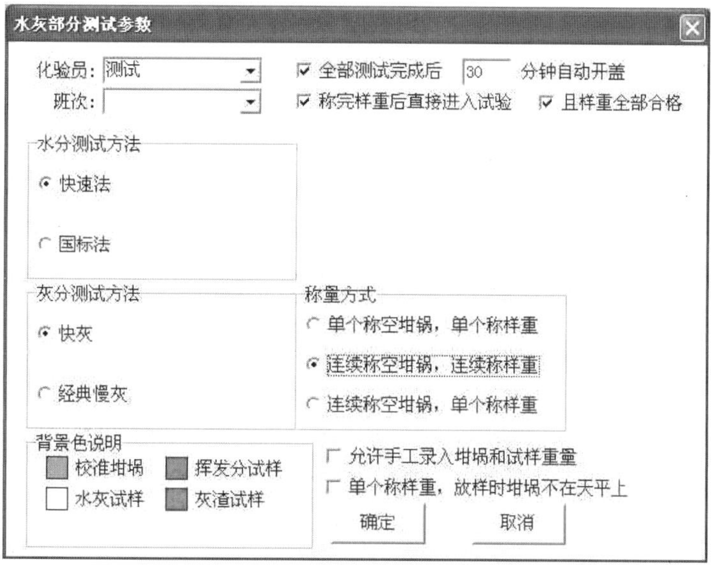

图 8.11 设置水灰部分测试参数

如果测试完成后马上开盖,温度过高,可能对站在附近的人造成伤害。

称完样重后直接进入试验且样重全部合格:只有当连续称量样重时才能够自动进入试验。如果选择了"称完样重后直接进入试验",而没有选择"且样重全部合格",则无论称量的试样质量是否合格都会进行试验,而且不会提示质量是否合格。如果选择了"称完样重后直接进入试验",并且选择了"且样重全部合格"则只有称量的试样质量全部合格才会进行试验。

化验员:如果采用用户登录方式进入时,化验员不能够修改。

称量方式:

单个称空坩埚,单个称样重:在称量过程中先称量空坩埚质量,然后自动上升,当用户添加好试样,再按转动按钮,转盘自动下降称量试样质量,当质量合格时按转动按钮,再自动转动到下一个坩埚位置,否则会等待用户添加或者减少试样质量后再次称量,直到质量合格。

连续称空坩埚,连续称样重:一次性将空坩埚称量完成,用户一次性将所有试样放好,然后一次性将所有试样质量称量完。

连续称完空坩埚,单个称样重:在称量过程中先一次性将空坩埚称量完成,然后称量第一个试样质量,当质量合格后再转动到下一个试样。

单个称样重,放样时坩埚不在天平上:如果选择此项,则在单个称样时,转动到位后,需要先添加试样,然后按转动或者下降按钮,再称量试样质量。如果没有选择此项,则在转动到位后,转盘自动下降,坩埚直接放在天平上,直接加样,同时显示试样质量。

5. 查询

简单查询:这里能执行简单的查询。例如,查询测试日期等于哪一天的数据,或者查询试样名称等于某个名称的数据,或者查询试样编号等于某个试样编号的数据。

简单查询例子:

如果想查询2005年6月16日的数据,先在图8.12所示的下拉列表框中选择"测试日期",然后在日期框中选择2005年6月16日,只要在日期框中单击就会查询出该天的数据。

如果想查询试样名称等于11a的数据,那么先在图8.12所示的下拉列表框中选择"试样名称",然后在文本框中输入11a,然后回车就可以查询出所有11a的数据。

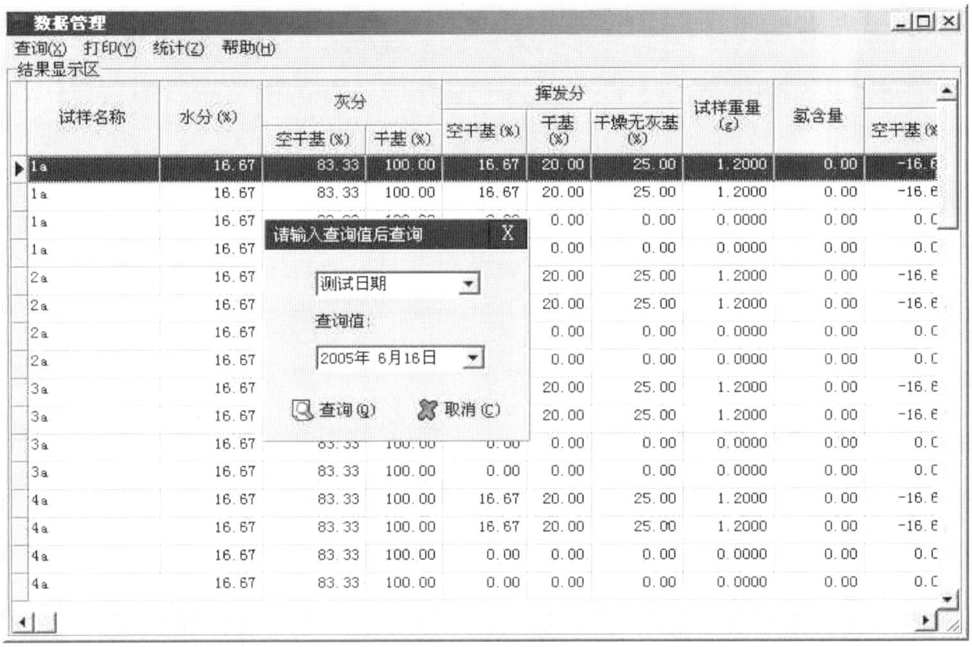

图8.12 查询数据

6. 打印

程序会将本次查询结果按照选择的模板格式打印(图8.13)。

预览:程序会将本次查询结果按照选择的模板格式预览报表(图8.14)。

7. 烟煤焦渣特性的鉴定

在测定煤的挥发分产率的同时,利用坩埚中残留的焦渣的特征,可以初步鉴定煤的焦渣特性。

图 8.13　选择打印模板

工业分析测试报表

公司名称：长沙瑞翔科技有限公司

名称	挥发分试样重量(g)	灰分试样重量(g)	水分(%)	挥发分			灰分		固定碳		
				空干基(%)	干基(%)	干燥无灰基(%)	空干基(%)	干基(%)	空干基(%)	干基(%)	干燥无灰基(%)
￥10e	0.9403	0.5169	2.42	17.19	17.62	21.39	32.14	32.93	48.25	49.45	78.61
￥10e	0.9749	0.4905	2.58	16.95	17.40	21.07	32.10	32.95	48.37	49.65	78.93
￥3c	0.9309	0.6742	1.45	12.50	12.69	14.53	48.50	48.82	37.55	38.10	85.47
￥3c	0.9884	0.5662	1.45	12.55	12.74	14.60	47.81	48.52	38.19	38.75	85.40
￥5b	1.0572	0.5277	1.93	12.34	12.59	14.40	33.12	33.78	52.60	53.64	85.60
￥5b	1.0266	0.4719	1.92	12.33	12.58	14.39	33.17	33.82	52.57	53.60	85.61
￥8b	1.0182	0.5301	3.04	25.88	26.69	36.41	30.00	30.94	41.09	42.37	63.59
￥8b	0.9729	0.4199	3.05	25.85	26.66	36.36	29.92	30.86	41.18	42.48	63.64
￥7d	0.9398	0.5966	1.92	12.89	13.15	15.14	25.53	26.03	59.65	60.82	84.86
￥7d	1.0259	0.5589	1.91	12.97	13.22	15.24	25.57	26.07	59.55	60.71	84.76
￥6c	0.9095	0.6531	1.68	16.82	17.11	20.64	34.70	35.29	46.80	47.60	79.36
￥6c	1.0080	0.6049	1.70	16.81	17.10	20.63	34.78	35.39	46.71	47.52	79.37

审核：　　　　　　　　　制表：　　　　　　　　　打印日期：2005-7-25

图 8.14　预览报表

测定煤的挥发所得的焦渣按以下标准进行区分：

①粉状：全部是粉末，没有互相黏着的颗粒。

②黏结：以手指轻压即成粉状。

③弱黏结：以手指轻压即成碎块。

④不熔融黏结：用手指用力压才裂成小块。

⑤不膨胀熔融黏结：焦渣是扁平的饼状，煤粒的界限不易分清，表面有银白色金属光泽。

⑥微膨胀熔融黏结：焦渣用手指压不碎，表面有银白色金属光泽和较小的膨胀泡。

⑦膨胀熔融黏结：焦渣表面有银白色金属光泽，高度不超过 15 mm。

⑧强膨胀熔融黏结：焦渣表面有银白色金属光泽，高度不超过 15 mm。

八、WS-G818 全自动工业分析仪简易操作规程

①按顺序打开仪器加热电源及仪器主机、显示器、计算机电源开关，然后打开氧气瓶总阀，并将减压阀调节到 0.2 MPa 左右。

②双击计算机桌面上的"WS-G818 全自动"图标运行测试程序。然后点击屏幕顶部菜单中的"功能"按钮，在其下拉菜单中选择"开仪器盖"，打开水灰测试部分的仪器盖，拿出坩埚擦干净。

③点击屏幕顶部"测试"中的"工作测试"，进入测试信息录入界面。在挥发分名称方框中输入需要测试的试样名称。如果每个样需要测双样，那么请选中"有平行样"复选框，然后单

击"进入测试界面"。

④水灰部分的称量。单击"称空坩埚",称量完毕后仪器将自动打开上盖;点击"称样重"按钮,仪器将自动转到放样坩埚位置(秤杆上方),放入样品后按"转动按钮",转盘下降称量,称量后上升。如果样重合格,转盘自动转动到下一个位置;如果不合格,则不会转动,等待用户添加或者减少质量(质量在计算机上有显示)。所有试样质量称量完成后,仪器自动开始测试。

⑤挥发分部分的称量。点击挥发分部分的"开始称量"按钮,仪器会将 1 号坩埚位置转到前面有秤杆的上方,在称量位置放上空坩埚(带坩埚盖),按"下降"按钮,称量完成后仪器自动上升。如果 1 号坩埚作为校准坩埚,仪器会自动转动将下一个坩埚转到称量位置,如果是放样坩埚,软件会提示放入指定试样名称的试样。放入指定试样名称的试样后,盖上坩埚盖,按"下降"按钮(在放样口的正下方)。称量完成后,仪器自动上升,如样重合格,仪器会自动转动将下一个坩埚转到称量位置;如不合格,则添减试样后再按"下降"按钮。所有挥发分试样称量完成后,点击"开始测试"按钮,将自动进行工作测试。

⑥仪器做完所有测试项目后将自动打开上盖降温冷却。如要关闭仪器,请先关闭计算机主机、显示器,再关闭加温电源及仪器主机电源开关,然后关氧气。

注意事项:

①完成测试后,仪器主机上有余温,请勿覆盖任何物品。

②仪器主机通电后至少应预热 30 min,测水分时仪器内初始温度不能高于设定值。

③如第 1 号坩埚设为校正用的坩埚,则不能放置试样。

④样重要求。挥发分:煤样质量限制在 0.9 ~ 1.1 g;焦炭质量限制在 1.2 ~ 1.35 g;灰分:煤样、焦炭质量都限制在 0.5 ~ 0.8 g。

⑤屏幕上半部分为挥发分数据和相关操作显示,下半部分为水灰数据和相关操作显示。

⑥转动仪器转盘。挥发分部分在不测试时需要转动转盘须按以下操作:点击"功能"→"硬件诊断"→"挥发分部分"进入硬件诊断界面,这个时候按仪器上的"转动"按钮才能转动转盘;水灰部分在不测试时需要转动转盘须按以下操作:点击"功能"→"硬件诊断"→"水灰部分"进入硬件诊断界面,这个时候按仪器上的"转动"按钮才能转动转盘。

仪器摆放及使用注意事项:

①仪器应放置在平稳的台面上,并将仪器调水平,以保证仪器正常工作。

②周围无强烈振动、灰尘、强电磁干扰、腐蚀性气体,且室内应无强烈空气对流,不应有强烈的热源和风扇等。

③在放试样时建议戴上清洁、干燥的薄工作手套。

④分析仪在加温测试过程中,对高温炉内操作时应多加注意。如果触及了高温炉或坩埚可能会严重烫伤,在放入或取出坩埚盖时请戴上厚手套。

⑤在搬动分析仪时,请先将分析仪内的天平和转盘取出。

⑥拔插联机信号线或天平信号线前必须关闭分析仪及计算机的电源,否则会损坏分析仪、天平及计算机。

⑦分析仪长期不使用时,请保持仪器的干燥,建议再次测试使用前对高温炉加温预热一

次,以便去除高温炉中的水分。

⑧平时应保持分析仪清洁。

九、思考题

①干煤试样为什么要迅速添量?试比较一下煤样、焦渣和煤灰在实验条件下称准后质量增加的速率(可用电子天平称重)。

②加热温度和加热时间对各项测定结果的影响如何?

实验九
煤含硫量的测定

建议学时:2
实验类型:综合
实验要求:必修

一、实验目的

通过实验加深对煤的含硫量概念的理解,学会测定煤的全硫量的方法,并能理解煤中含硫的危害。

二、实验要求

学会测定煤的全硫量的方法,并能理解煤中含硫的危害,通过含硫量能够初步判定煤质的好坏,初步了解煤的含硫量对煤自燃倾向性的影响和对通风设计的影响。

三、仪器设备

5E-S3200 全自动测流仪(图 9.1)、电子分析天平等。

图 9.1 5E-S3200 全自动测流仪

四、测定原理

1. 法拉第电解定律

进行电解反应时，在电极上发生的电化学反应与溶液中通过电量的关系，可以用法拉第电解定律表示，即某物质于电极上析出的量与通过该体系的电量成正比；通过相同的电量时电极上所沉积的各物质的量与该物质的化学当量成正比。

用公式表示为

$$w = \frac{M}{n96487}it \tag{9.1}$$

式中：w——电解时于电极上析出物质的量，g；

M——物质的摩尔质量（物质的量），kg/mol；

n——电解反应时电子的转移数；

i——电解时的电流，A；

t——电解时间，s；

96487——法拉第常数。

根据电解过程中所消耗的电量来求得被测物质含量的方法，称为库仑分析法。利用上述电解反应来进行分析时，可测量电解时通过的电量，由式(9.1)计算反应物质的量，即为库仑分析法的基本依据。

由于可以精确地测量分析时通过溶液的电量，因此可得到准确度很高的结果，可用于微量成分的分析。

2. 库仑滴定

库仑滴定是建立在控制电流电解过程基础上的。从理论上可按下述类型进行：

①被测定的物质直接在电极上起反应。

②在试液中加入大量物质，使此物质经电解反应后产生一种试剂，然后被测定的物质与所产生的试剂起反应。

按第二种类型进行，不但可以测定在电极上不能直接起反应的物质，而且易于使电流效率达到100%。

库仑滴定是在试液中加入适当物质后，以一定强度的电流进行电解，使之在工作电极(阳极或阴极)上电解产生一种试剂，此试剂与被测物发生定量反应，当被测物反应作用完毕，用适当的指示方法指示终点并立即停止电解。由电解进行的时间 $t(s)$ 及电流强度 $I(A)$，可按法拉第电解定律式(9.1)计算出被测物的质量 $W(g)$。

3. 煤中全硫测定方法

当煤样在1 150 ℃及催化剂作用下于空气流中燃烧分解，煤中的硫会转化成硫氧化物(主要为二氧化硫)被空气流带到电解池中，与水反应生成亚硫酸，电解碘化钾和溴化钾所生成的碘和溴与亚硫酸反应：

阳极：
$$2I^- \rightarrow 2eI_2 \tag{9.2}$$

$$2Br^- - 2e \rightarrow Br_2 \tag{9.3}$$

阴极：
$$2H^+ + 2e \rightarrow H_2 \uparrow \tag{9.4}$$

$$I_2 + H_2SO_3 + H_2O \rightarrow H_2SO_4 + 2H^+ + 2I^- \tag{9.5}$$

$$Br_2+H_2SO_3+H_2O \rightarrow H_2SO_4+2H^++2Br^- \tag{9.6}$$

根据上式可得到这样的结论:

电解产生的 I_2 及 Br_2 所消耗的电量相当于产生的 H_2SO_3 量,而每个当量的 H_2SO_3 量相当于一个当量的硫,可根据法拉第电解定律式(9.1)求得煤样的含硫量为

$$w = \frac{M}{n96487}it$$

$$= \frac{32}{2 \times 96487}it$$

$$= \frac{16}{96487}it(\text{g})$$

$$= \frac{16 \times 1000}{96487}it(\text{mg})$$

式中:32——硫的摩尔质量(物质的量);

 2——电解反应时电子的转移数;

 i——电解时的电流,A;

 t——电解时间,s。

换算成百分含量则为

$$S_{\text{t,ad}} = \frac{W}{G} \times 100\%$$

$$= \frac{16 \times G \times 100}{96487 \times G}$$

式中:Q——库仑电量,mC;

 G—试样重量,mg。

五、实验步骤

(一)仪器工作流程

进入"工作测试"后即开始升温(升到1150 ℃需要30 min 左右),首先称取煤样质量,最后加入三氧化钨。当温度到达设定的目标温度后即开始自动测试。首先,计算机控制将试样送到 500 ℃炉温处预热45 s,使有机硫和黄铁矿硫在碳酸钙未分解之前就大部分分解,以尽量减少乃至避免它们分解生成的氧化物被碳酸钙分解生成的氧化钙吸收而生成难分解的硫酸钙,另外在 500 ℃处煤的挥发分大量逸出,可防止煤样推入高温区时产生爆燃现象。同时,计算机必须实时监测和控制炉温,不断监测指示电极电压。当有 SO_2 进入电解池中生成亚硫酸后,立即被电解液中的 $I_2(Br_2)$ 氧化成硫酸,结果溶液中的 $I_2(Br_2)$ 减少而 $I^-(Br^-)$ 增加,破坏了电解液的平衡状态。指示电极间的电位升高,计算机监测到这一信号后,马上启动电解过程,并根据指示电极上的电位高低,控制与之对应的电解电流大小与时间,使电解电极上析出的 $I_2(Br_2)$ 和刚才与亚硫酸反应所消耗的数量相等,从而使电解液重新回到平衡状态,随着 SO_2 的不断分解,此平衡状态不断被打破和复原,形成一个动态平衡,直到试验过程结束。

预热时间到后,送样杆继续前进将试样送入1150 ℃高温区,在此完全燃烧,使煤样中的硫在催化剂作用下全部分解出来,当没有 SO_2 产生时送样杆退回起始处,即可得到总电量 Q,将其代入式(9.7)即可计算试样的含硫量,保存结果于计算机中。然后放入下一个试样,重复上

述过程,直到所有样品测试完成后,自动打印结果。

(二)实验控制

1.温度控制

点击"温度控制",仪器开始升温,经过 20～30 min 后,仪器升温到 920 ℃ 或 1150 ℃,自动进入恒温状态,此时可开始实验。

2.开始实验

实验分析是整个测试系统的核心部分,整个试样分析过程都在这里完成。点击菜单"开始实验",进入实验分析界面,如图9.2 所示。

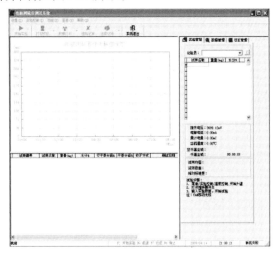

图 9.2　实验分析界面

整个实验分析界面由控制面板、数据网格、电解曲线图、仪器当前温度信号和当前电解电流信息等部分组成。

数据网格中的每行(每条记录)表示一个试样,每一列表示试样的一个属性。

①试样编号:默认的编号由年(4 位)、月(2 位)、日(2 位)和序号(4 位)组成,如 2007 年 7 月 10 日第 15 个试样的编号为 200707100015。

②试样名称:默认为空。如果该试样需要参加校正系数的计算,则输入的试样名称必须是标样名称。

③质量:试样的净质量,单位为毫克(mg),精确到 0.1 mg。

④空干基水分:单位为百分比(%),精确到 0.01%,只能输入数字(包括小数点)。

⑤空干基全硫:试样的空干基全硫含量,单位为百分比(%),精确到 0.01%。该属性不能被修改,如果试样质量为"0"或空,则空干基为空。

⑥干基全硫:试样的干基全硫含量,单位为百分比(%),精确到 0.01%。该属性不能被修改,如果空干基为空值或水分为空值则干基也为空值,当水分为零时空干基等于干基。

⑦校正方法:计算该试样空干基和干基值所采取的校正方法,默认值可以在系统设置里进行设置,可以选择"无校正""一次校正""三次校正""回归校正"或"折线校正"。

⑧测试日期:试样分析完成时的日期,该属性不能被修改。

⑨化验员:该属性不能被修改。

⑩备注:试样备注信息,最多可以输入 25 个汉字。

（三）具体实验测试步骤

1.实验准备

（1）电解液的配置

当电解液混浊不清或 pH<1 时,需重新配制电解液。配制方法:碘化钾 5 g,溴化钾 5 g,溶入 250～300 mL 蒸馏水中,然后加入 10 mL 冰乙酸,使溶液 pH 值近似于 1。

称取 KI（碘化钾）粉末 5 g、KBr（溴化钾）粉末 5 g,将两者倒入 250～300 mL 蒸馏水中,再加入 10 mL 冰醋酸搅拌。

（2）准备干净瓷舟、试样、三氧化钨

将瓷舟中残渣清除干净,如果瓷舟内残渣结渣严重,清除不净时,应更换新瓷舟。试样和三氧化钨不使用时,应放在干燥塔内储存,以免吸收空气中水分,影响测试结果。

（3）称煤样

煤样为粒度应小于 0.2 mm 的空气干燥煤样,先将煤样混合均匀,再称取煤样,煤样质量为 50 mg 左右,称准到 0.2 mg。为了获得较好的平行性,同一试样称取的质量应尽量相近。在用同一把勺子挖多种试样时,必须擦干净,尤其是硫含量差别大的试样。试样称好后应马上使用,不能马上使用的试样应放于干燥塔内,在称好的煤样上均匀加盖一薄层三氧化钨。

2.实验测试

①按顺序打开打印机、计算机、测试仪主机的电源开关。

②运行测试程序,即进入程序的主界面。

③溶液的吸入:检查设备的胶皮管、二通阀等是否有破损;松开止水夹,将胶皮管放入装有溶液的烧杯中,打开高温炉与电解池之间的过滤开关上的阀门,点击软件中的"搅拌"按钮,电解池中的转子开始转动,将烧杯中的溶液吸入溶液瓶中（吸入 230～250 mL 即可,电解液不宜加得过满,一般超过电极片3cm 左右即可,太满则易吸入设备腐蚀仪器）,再次点击"搅拌"按钮停止搅拌,夹上止水夹。

④气密性检验:在搅拌过程中,溶液瓶右侧的流量计显示在 1.0 左右,当关闭二通阀（进气）后,观察流量计的浮子应慢慢下降,如流量计浮子能降 0.3 以下,表示设备气密性良好。

⑤仪器升温:点击程序界面的"升温"按钮,并确定开始升温,仪器就开始升温,升温 30 min 左右,升温时可做上述准备工作

⑥当炉温升到 1 150 ℃时并恒定,程序界面上的"开始"按钮变亮时,即可进行实验,首先必须做 1～2 个废样,使电解液达到平衡状态[如电解液放置时间过长（颜色较深）,则需使用硫含量较高的样品做废样,确保电解液达到平衡状态],然后才能做正式试样。做样时,将称好的试样（瓷舟）放入送样杆上的石英舟内,输入样品名称和样重后（也可以事先或者在实验间隙添加试样名称和样重）,点击"开始实验"或按"F2"键,仪器就开始自动进行实验。

注意:一批试样最好连续做完,如中间间断比较长时间（超过 15 min）,须加做 1 个废样再继续做实验。

⑦整个实验结束后,按"停止实验"退回到程序的主界面,此时仪器停止加温。

3.排液及清洗

①测试完成后,打开排水夹,把二通阀（出气）的销子往上拔,完成电解池中液体的排液后,放回销子,抽清水搅拌 2～3 min,清洗两次电解池。

②退出测试系统程序,关闭测硫仪主机电源,然后再关闭计算机。

警 告

仪器使用时温度非常高,为避免烫伤,在取样操作时,请始终使用镊子进行夹取。

图9.3 警告信息

4. 注意事项

①纯的冰醋酸浓度为98%,具有腐蚀性,若皮肤接触冰醋酸,应立即用水冲洗。冰醋酸闪点为39 ℃,特别容易挥发在空气中,容易闪燃和爆炸。

②配制介质水时,必须在通风和无任何热源和火星的场所进行。最好是用稀释到3.3% ~4%的冰醋酸直接加KI(碘化钾)粉末5 g、KBr(溴化钾)粉末5 g进行配制。必须由实验室专门人员进行介质水的配制,学生不准配制介质水。

5. 查看

在非实验状态下有两个选项:"工具栏"和"状态栏",在实验状态时会增加一个选项:"电解曲线图"。如果选项的左边有标记"☑"表示显示该属性,可以通过点击此选项来添加或去除它的标记。

6. 数据管理

点击软件操作界面右上方位置的"数据管理",弹出如图9.4所示界面。

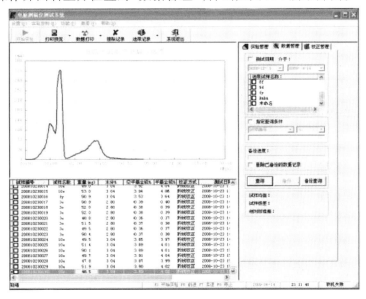

图9.4 数据管理界面

(1)查询

可以根据实际需要,通过勾选"测试日期""选取试样名称"或"指定查询条件"来查询有关测试数据。标记为"☑"时表示上述项目可用。

①测试日期:测试日期条件就是查询两个指定日期之间的数据(时间是00:00—23:59)。首先,选取查询日期条件(标记"☑"),则测试日期右边的两个日期文本框架变得可用;可以在日期框中选择年月日数值直接输入数字或点击日期文本框的"☑"标记出现日期选择框。

②选取试样名称:可以查询到指定试样名称的所有数据。可以选择一个或者多个试样进行查询。

③指定查询条件:通过下拉菜单可选择"试样编号""质量""空干基水分""空干基全硫""干基全硫""化验员"作为查询条件,在下方文本输入框中输入相应数据或名称,再通过右边的下拉菜单选择判别条件,点击"查询"按钮,就可以查询到相应数据。

(2)备份

数据备份可以备份指定日期内的数据。在数据网格中勾选需要备份的数据,标记为"☑"时表示已选择。点击"备份"按钮,弹出对话框,数据以"Access 数据库文件(＊.MDB)"文件类型保存在当前文件夹下面,如图9.5所示。

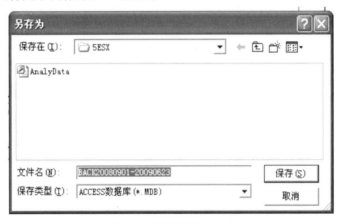

图9.5　保存数据库文件

(3)备份查询

备份查询可以对备份好的数据进行查询、打印等操作。点击"备份查询"选项,打开备份数据查询对话框,选择要查询的数据备份文件,点击"打开"按钮进入备份数据查询界面,如图9.6所示。

图9.6　打开数据库文件

实验十
煤的真密度和视密度的测定

建议学时:2
实验类型:综合
实验要求:必做

一、实验目的

学会准确测定煤的真密度和视密度的方法,并能根据测试数据计算煤的真相对密度和视相对密度。

二、实验要求

通过实验加深对煤的真相对密度和视相对密度的概念的理解,学会测定煤的真相对密度和视相对密度的方法,学会在实验过程中分析误差产生的原因并能采取措施尽量减少实验误差。

三、测定步骤

(一)煤的真密度测定

仪器设备:3H-2000TD 全自动真密度分析仪、电子分析天平等。

1. 测试原理

应用阿基米德原理——气体膨胀置换法,利用小分子直径的惰性气体在一定条件下的玻尔定律($PV=nRT$),通过测定由样品测试腔放入样品所引起的样品测试腔气体容量的减少来精确测定样品的骨架体积(含闭孔),从而得到其真密度,真密度=质量/骨架体积。

气体膨胀置换法是以气体取代液体测定样品所排出的体积。此法排除了浸液法对样品溶解的可能性,具有不损坏样品的优点。因为气体能渗入样品中极小的孔隙和表面的不规则空隙,所以测出的样品体积更接近样品的骨架体积,从而可以用来计算样品的密度,测试值更接近样品的真实密度。

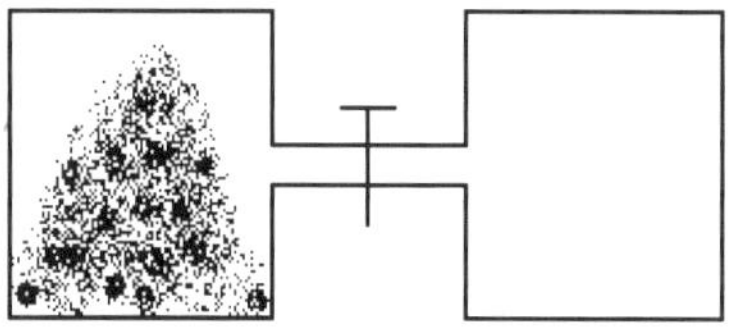

仪器的测试系统由样品测试腔和基准腔构成,如图 10.1 所示。

样品测试腔   基准腔

图 10.1 测试系统

仪器气路结构如图 10.2 所示。

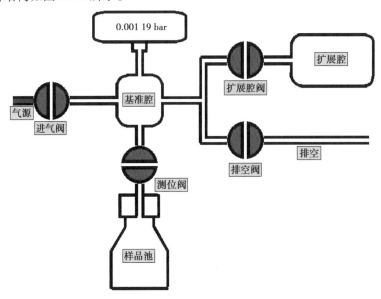

图 10.2　仪器气路结构图示

测定样品密度时,仪器自动采集基准腔的压力 P_1 及体积 V_1 并记录;将一定未知体积的样品 $V_{样品}$ 放入已知体积 V_2 的样品测试腔,向样品测试腔注入一定量的气体并记录稳定后的压力 P_2;将样品测试腔与基准腔连通并记录稳定后的压力 P_3,根据平衡稳定后的压力值和相关已知的体积 V_1、V_2 即可计算出待测的样品体积 $V_{样品}$,再由样品的质量和体积计算出样品的真密度。

关键词:

P_1:未进气前基准腔和测试腔连通后的压力。

P_2:测位阀关闭,给基准腔进气达到的压力。

$P3$:基准腔进气后,打开测位阀,基准腔和测试腔连通后的压力。

$V_{基}$:基准腔体积。

$V_{样品管}$:样品管的空管体积。

$V_{接}$:接头体积。

$V_{样品}$:样品骨架体积。

$V_{测}$:测试腔体积。

基准腔:进氮阀、测位阀、排空阀、扩展腔阀和压力传感器之间的腔体。

扩展腔:扩展腔阀后面的腔体。

测试腔:测位阀下面的腔体(样品管体积和接头体积,不包括样品管中样品体积)。

外观体积:用尺子等工具,测量出规则样品的相关尺寸,经过计算得出的体积。

骨架体积:仪器测试出来的待测样品体积。

打开测位阀,使测试腔和样品池连通,等压力稳定后,记录此时的压力值 P_1。然后关闭测位阀,打开进气阀,给基准腔充气,充到指定压力后,关闭进气阀,等压力稳定后,记录此时的压力 P_2。

此时系统内(指基准腔和测试腔)气体的摩尔量为

$$n_1 RT = P_1 \times V_{测} + P_2 \times V_{基} \qquad (10.1)$$

再打开测位阀,让基准腔和样品池等压力稳定后,记录此时的压力 P_3。

此时系统内气体摩尔量为

$$n_2 RT = P_3 \times (V_{测} + V_{基}) \tag{10.2}$$

由于在此打开测位阀前后,系统内气体总的摩尔量没有发生任何变化,所以可以得

$$n_1 RT = n_2 RT \tag{10.3}$$

由式(10.3)可得

$$P_1 \times V_{测} + P_2 \times V_{基} = P_3 \times (V_{测} + V_{基}) \tag{10.4}$$

式(10.4)经过变化,可得

$$V_{测} = (P_2 - P_3) \times \frac{V_{基}}{P_3 - P_1} \tag{10.5}$$

而

$$V_{测} = V_{样品管} + V_{接} - V_{样品} \tag{10.6}$$

式(10.5)可变为

$$V_{样品} = V_{样品管} + V_{接} - (P_2 - P_3) \times \frac{V_{基}}{P_3 - P_1} \tag{10.7}$$

该样品的相关测试结果为

$$真密度 = \frac{样品质量}{样品的骨架体积}$$

2. 应知仪器部件及配件

仪器部件及配件如图 10.3—图 10.5 所示。

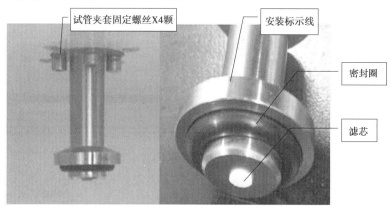

图 10.3　仪器部件及配件(一)

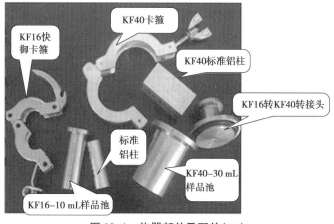

图 10.4　仪器部件及配件(二)

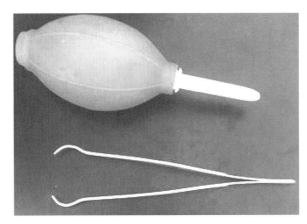

图 10.5　橡皮吹灰器及镊子

3. 实验测试步骤

第一步,开气。

氦气钢瓶总阀(阀门上标有打开和关闭的提示)打开半圈,减压阀、输出阀(阀门上标有打开和关闭的提示)打开使其压力为 0.25~0.3 MPa。

第二步,联机。

打开仪器侧面电源开关,点击 3H-2000TD 软件图标 ,软件自动进入联机过程,读取各芯片参数,连接完成后进入导航页。导航页由骨架密度测试、报告管理、样品管理 3 个板块组成。

软件导航界面主要分为两大模块,分别为菜单栏(图 10.6)和操作栏(图 10.7)。

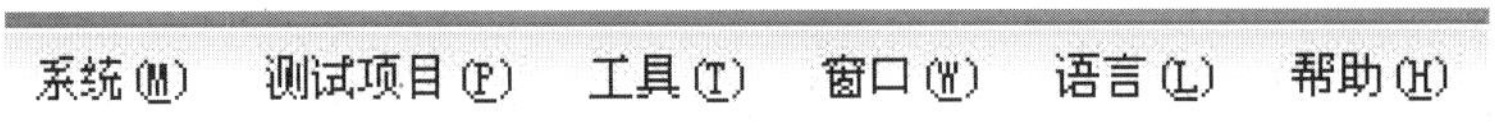

系统(M)　测试项目(P)　工具(T)　窗口(W)　语言(L)　帮助(H)

图 10.6　菜单栏

测试过程界面　样品管体积测试　样品管管理　报告管理

设备状态监视　气密性检测　系统参数设置　技术支持

图 10.7　操作栏

第三步,仪器校准。

①在"导航页"点击"仪器校准"按钮,进入仪器校准页面。

②点击"设置"按钮,弹出"样品管体积测试方法"对话框并设置。建议勾选并填写"达到

指定的重复性精度 0.30%"。点击"保存"。

③安装洁净 10mL 样品管(空管)。注意保证气密性。

④进行"第一步:测量样品管和基准腔体积比(空管)",点击"开始"按钮,自动进行。

⑤进行"第二步:填写标准样"称量标准样或标准铝柱,记录质量。拆下 10mL 样品管并装入标准样或铝柱,装回仪器。

⑥进行"第三步:测量基准腔和样品管体积(装标准样)",点击"开始"按钮,自动测量基准腔和样品管体积。待测试完成后保存。

注意:操作时,请戴好手套,防止手上温度对测试造成影响。

第四步,装样。

在样品管中称取待测样品,之后装到测试位(装样时,为了提高测试准确性,请装样到离样品管口 1 cm 处)。

第五步:测试。

(1)真密度测试

①在软件"导航页"点击"测试过程界面"，弹出测试过程界面。进入后点击"设置",在设置界面输入"样品名称"和"样品质量",选择"样品管"(样品管为校准时所用的样品管,请选择准确),然后选择是否重复测试,在"开孔率及闭孔率测试"处选择"否"。

②点击"保存",再点击"开始",仪器开始自动进入测试过程并自动完成测试,然后自动弹窗显示所测试的真密度值。

(2)真密度、闭孔及孔壁体积百分率测试(主要适用于具有规则外观的大块固体材料等)

①在软件"导航页"点击"测试过程界面"，进入后点击"设置",在设置界面输入"样品名称"和"样品质量",选择"样品管"(样品管为校准时所用的样品管,请选择准确),然后选择是否重复测试,再在"开孔率及闭孔率测试"处选择"开孔率",最后输入"样品外观体积"(样品"外观体积"是在装样前进行测量计算的,是输入值,不是仪器的测试值)。

②点击"保存",再点击"开始"。

(3)真密度、闭孔及孔壁体积百分率测试(不含孔壁体积)(主要适用于已知原材料密度的发泡材料等)

①在软件"导航页"点击"测试过程界面"，进入后点击"设置",在设置界面输入"样品名称"和"样品质量",选择"样品管"(样品管为校准时所用的样品管,请选择准确),然后选择是否重复测试,再在"开孔率及闭孔率测试"处选择"开孔及闭孔率",最后输入"样品外观体积"和"样品密度"(样品"外观体积"是在装样前进行测量计算的,是输入值,不是仪器的测试值;"样品密度"是样品原材料的密度,也是输入值)。

②点击"保存",再点击"开始"。

第六步,查看结果。

测试结束后,在"导航页"中点击"报告管理"，查看刚测试的结果(测试结果是按照测试时间排序的,最近测试的在顶端,如果刚刚测试的在报告管理中没有,请点击"查询"进行刷新即可)。

第七步,关机、关气。

先点击软件右上角的关闭按钮   X   关闭软件,再关闭仪器电源;关闭钢瓶的总阀到拧紧即可,关闭减压阀到拧松即可。

（二）煤的视密度的测定

煤的视密度是指在 20 ℃时煤（含煤的孔隙）的质量与同体积水的质量之比。

1. 测定原理

测定结果按下式计算为

$$ARD_{20}^{20} = \cfrac{m_1}{\cfrac{m_2 + m_4 - m_3}{d_s} - \cfrac{m_2 - m_1}{d_{Wax}}} \times 0.9982 \qquad (10.8)$$

式中:ARD_{20}^{20}——20 ℃时煤的视密度;

$\quad m_1$——煤样质量,g;

$\quad m_2$——涂蜡煤粒的质量,g;

$\quad m_3$——密度瓶、涂蜡煤粒及水溶液的质量,g;

$\quad m_4$——密度瓶、水溶液的质量,g;

$\quad d_s$——t ℃时 1 g/L 十二烷基硫酸钠溶液的密度（可由表 10.1 查出）,g/cm^3;

$\quad d_{Wax}$——石蜡的密度,g/cm^3;

$\quad$0.9982——水在 20 ℃时的密度,g/cm^3。

每一煤样重复测定两次,取两次测定结果的算术平均值,修约到第 2 位小数报出。

2. 仪器设备

电炉:500～600 W;分析天平:最大称量 200 g,感量 0.000 1 g;密度瓶:带磨口毛细管塞,容量为 60 mL（图 10.8）;水银温度计:0～100 ℃,分度为 0.5 ℃;小铝锅:φ16～φ20 cm;网匙:用 3 mm×3 mm 的筛网制成;玻璃板:300 mm×300 mm 两块;标准筛:1 mm 方孔筛一个,10 mm 圆孔筛一个,13 mm 圆孔筛一个;料布:不小于 500 mm×500 mm 一块;恒温器:控温范围 15～35 ℃,控温精度±0.5 ℃。

3. 实验准备

按《煤层煤样采取方法》（GB/T 482—2008）、《商品煤样人工采取方法》（GB 475—2008）、《煤样的制备方法》（GB 474—2008）或《煤炭资源勘探煤样采取规程》中的规定,采集有代表性煤样,然后按《商品煤样人工采取方法》（GB 475—2008）用逐级破碎法破碎到粒度小于 13 mm,从中缩分出一半煤样,用 10 mm 圆孔筛,筛出 10～13 mm 粒级煤样并使其达到空气干燥状态,装入煤样瓶中,作为测定视密度的煤样。

4. 测定步骤

①将煤样瓶中的煤粒摊在塑料布上,用棋盘法取出 20～30 g 煤样,对灰分大于 30% 或全硫大于 2% 的煤称取 40～60 g;放在 1 mm 方孔筛上用毛刷反复刷去煤粒表面附着的煤粉,称出筛上物质量 m_1,称准至 0.000 2 g。

②将称量过的煤粒置于网匙上,浸入预先用小铝锅加热至 70～80 ℃的熔融石蜡中,使石蜡温度保持在 60～80 ℃,用玻璃棒迅速拨散煤粒至表面不再产生气泡为止。立即取出网匙,稍冷,将煤粒撒在玻璃板上,并用玻璃棒迅速拨开煤粒使其不互相粘连。冷却至室温,称出涂蜡煤粒的质量 m_2,称准至 0.000 2 g。

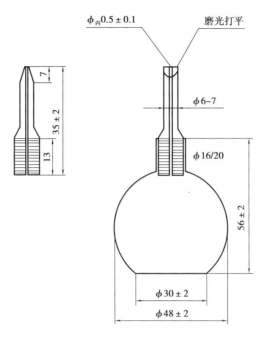

图 10.8　60 mL 密度瓶(单位:mm)

③将涂蜡煤粒装入密度瓶内,加入十二烷基硫酸钠溶液至密度瓶 2/3 处,盖上塞,用手摇荡或用手指轻敲密度瓶,至涂蜡煤粒表面不再附着气泡,再加入溶液至距瓶口约 1 cm 处。将密度瓶置于恒温器中,在(20±0.5)℃下恒温 1 h,或在室温下放置 3 h 以上并记下溶液温度。

④用吸液管滴加溶液至瓶口,小心塞紧瓶塞,使过剩的溶液从瓶塞的毛细管上端溢出,确保瓶内和毛细管内没有气泡。

⑤迅速擦干密度瓶立即称量 m_3,称准至 0.000 2 g。

⑥空白值的测定:在煤样测定的同时,测定空白值。按第③和第④步操作(但不加煤样)称出密度瓶和水溶液的质量 m_4,称准至 0.000 2 g。同一密度瓶连续两次测定值的差值不得超过 0.010 0 g。

⑦对粒度小于 10 mm 的煤样,可按附录计算出其视密度,但应在报告中注明。

表 10.1　1 g/L 十二烷基硫酸钠溶液的密度

温度/℃	密度/(g·cm^{-3})	温度/℃	密度/(g·cm^{-3})
5	1.000 23	11	0.999 87
6	1.000 21	12	0.999 76
7	1.000 17	13	0.999 64
8	1.000 12	14	0.999 51
9	1.000 05	15	0.999 37
10	0.999 97	16	0.999 21

续表

温度/℃	密度/$(g \cdot cm^{-3})$	温度/℃	密度/$(g \cdot cm^{-3})$
17	0.999 04	27	0.996 78
18	0.998 86	28	0.996 50
19	0.998 67	29	0.996 21
20	0.998 47	30	0.995 91
21	0.998 26	31	0.995 61
22	0.998 04	32	0.995 30
23	0.997 80	33	0.994 97
24	0.997 56	34	0.994 64
25	0.997 31	35	0.994 30
26	0.997 05	40	0.992 48

在无法进行视密度测定时,可由煤的真密度 TRD_{20}^{20} 计算出煤的视密度。其计算值的标准不确定度一般都不大于 0.03;对灰分大于 30% 或硫分大于 2% 的煤,其计算值的标准不确定度一般不超过 0.06,计算公式如下:

对褐煤及低阶烟煤(长焰煤、不黏煤等):

$$ARD_{20}^{20} = 0.20 + 0.78 TRD_{20}^{20} \tag{10.9}$$

对中、高阶烟煤(气煤、肥煤、1/3 焦煤、焦煤、瘦煤、贫煤、弱黏结煤等):

$$ARD_{20}^{20} = 0.14 + 0.87 TRD_{20}^{20} \tag{10.10}$$

对无烟煤和灰分大于 30% 或硫分大于 2% 的各类煤:

$$ARD_{20}^{20} = 0.05 + 0.92 TRD_{20}^{20} \tag{10.11}$$

式中:ARD_{20}^{20}——20 ℃时煤的视密度;

TRD_{20}^{20}——20 ℃时煤的真密度。

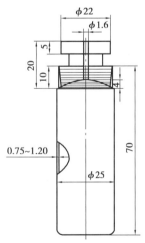

附录:石蜡密度的测定方法

1. 方法要点

用广口密度瓶测出 20 ℃下石蜡的体积,根据同温度下石蜡的质量和体积计算出石蜡的密度。

2. 仪器、材料和试剂

广口密度瓶:高 70 mm,外径 25 mm,带有一直径 1.6 mm 小孔的磨口玻璃塞,如图 10.9 所示,单位为 mm;恒温水浴:能保持(20±0.5)℃恒温;托盘天平:感量 0.5 g;恒温干燥箱:能在 100~110 ℃恒温;干燥器;移液管:1 mL;有柄瓷蒸发皿:100 mL;乙醇水溶液:用 95% 乙醇与水按体积比 1:1 配制。

图 10.9　广口密度瓶

3. 测定步骤

①称量已质量恒定的密度瓶的质量(m_a)(称准至 0.000 2 g,下同)。

②用移液管沿瓶壁向密度瓶加入 1 mL 乙醇水溶液(用 95% 乙醇与水按体积比 1∶1 配制),再把新煮沸过并冷却到 20 ℃ 左右的蒸馏水倒入密度瓶中,然后在恒温水浴中恒温 30 min。恒温水浴中水面应低于密度瓶口 10 mm。

在恒温水浴中小心地塞上瓶塞,过剩的水即由塞上的毛细管中溢出,此时应注意小孔中不应有气泡存在。用一小条滤纸吸去瓶塞上小孔口的水至齐口,取出密度瓶,擦净密度瓶外壁附着的水,立即称其质量(m_b),此值每月至少检查一次。

③称取 40 g 石蜡放入有柄瓷蒸发皿中,再将瓷蒸发皿放到 102 ~ 105 ℃ 的干燥箱中,在石蜡熔化后应不时搅拌,保温 1 h,然后在该温度下静置 30 min。

④在干燥、预先温热的空密度瓶中装入熔化的石蜡至约 2/3 高度,然后在 102 ~ 105 ℃ 的干燥箱中放置 1h,以便使可能包含的气体逸出(可轻敲或轻摇密度瓶以促使空气除去,必要时可用温热的细玻璃棒搅拌石蜡)。

⑤将装有石蜡的密度瓶冷却至室温后称其质量 m_c。然后沿密度瓶壁加入 1 mL 乙醇水溶液,使其充满石蜡与瓶之间的空隙,用新煮沸过并冷却到 20 ℃ 左右的蒸馏水将其充满,再放入恒温水浴中恒温 1 h。

⑥在恒温水浴中,小心地塞上瓶塞,过剩的水溢出后,小孔中不应留有气泡。用一小条滤纸吸去瓶塞上小孔口的水至齐口。取出密度瓶仔细擦干后立即称其质量 m_d。

4. 结果计算

石蜡密度可计算为

$$d_{Wax} = \frac{m_c - m_a}{(m_b + m_c) - (m_a + m_d)} \times 0.9982 \qquad (10.12)$$

式中:d_{Wax}——石蜡在 20 ℃ 时的密度,g/cm³;

m_a——空密度瓶的质量,g;

m_b——装满水的密度瓶质量,g;

m_c——装有部分石蜡的密度瓶质量,g;

m_d——用石蜡和水装满密度瓶质量,g;

0.9982——水在 20 ℃ 时的密度,g/cm³。

实验十一
矿井空气中有毒有害气体的检测

建议学时:2
实验类型:验证
实验要求:选做

一、实验目的

通过实验使学生学习光干涉型甲烷测定器检测矿井瓦斯和二氧化碳浓度的方法,掌握气体检定器配合一氧化碳检定管检测空气中 CO 浓度,同时加深对煤矿安全知识的理解和提高。

二、实验要求

①掌握光干涉型甲烷测定器的原理、结构及检测甲烷、二氧化碳浓度的方法。
②学会用气体检定器配合一氧化碳检定管检测空气中 CO 浓度的方法。

三、仪器设备

光学瓦斯检定器,CO 检定器,以及制备好的 CO_2、CH_4、CO 气体。
气体制取的方法如下:
1. 实验室 CH_4 甲烷的制取
将无水醋酸钠和苛性钠按质量比 2:1 混合,加热制得。

$$CHCONa+NaOH \xrightarrow{\triangle} NaCO_3 + CH_4 \uparrow$$

2. 实验室 CO_2 的制取

$$Na_3CO_3 + 2HCl \longrightarrow 2NaCl + H_2O + CO_2 \uparrow$$

3. 实验室 CO 的制取

$$HCOOH \xrightarrow{\triangle 浓 H_2SO_4} H_2O + CO \uparrow$$

四、实验内容及方法

(一)光学瓦斯检定器的构造原理和使用

1. 仪器构成

光学瓦斯检定器的结构如图 11.1 所示,仪器由装配在机壳内的光学系统和配置在机壳上的瓦斯抽出嘴 12、瓦斯进入嘴 11、测微手轮 16、刻度盘窗口 15、目镜 13、目镜护罩 14、调零手轮 19、护盖 18、照明开关组 17、电池盖 20 等构成;吸收管组由装配好的长吸收管 6、短吸收管 9、带上下连接气嘴接头 7 和两端的带气嘴螺盖 5 和 10 构成;吸气球组由气球 2、排气阀 1、吸气阀 3、连接胶管 4 构成。

2. 功能和连接

①瓦斯抽出嘴 12 同吸气球连接胶管 4 连接,起吸气泵的作用。

②瓦斯进入嘴 11 同吸收管组短吸收管端的气嘴 10 通过配套胶管连接,对吸入气体过滤湿气和吸收二氧化碳。

③目镜:观测干涉条纹整数移动量,调节目镜可调整视场焦距。

④测微手轮:微测干涉条纹小数移动量。

⑤刻度盘窗口:指示干涉条纹小数移动值。

⑥调零手轮:调整干涉条纹零位。

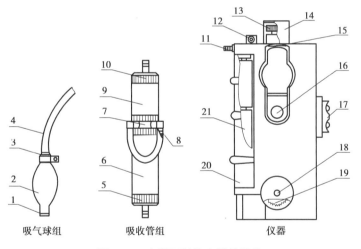

图 11.1　光学瓦斯检定器的结构

1—排气阀;2—气球;3—吸气阀;4—连接胶管;5—带气嘴螺盖;6—长吸收管;7—接头;8—上连接气嘴;

9—短吸收管;10—带气嘴螺盖;11—瓦斯进入嘴;12—瓦斯抽出嘴;13—目镜;14—目镜护罩;

15—刻度盘窗口;16—测微手轮;17—照明开关组;18—护盖;19—调零手轮;20—电池盖;21—电池座

(二)工作原理

仪器的结构如图 11.2 所示。由光源发出的散射光经聚光镜聚焦的光束到达平面镜,其中一部分光束通过平面镜反射,经气室空气到达折光棱镜,折光棱镜将其折射回另一侧的空气室后回到平面镜并折射到后表面的反射膜上,通过反射膜反射到反射棱镜后经偏折进入望远镜系统。另一部分光束折射入平面镜后,在其后表面反射膜反射,穿过气室的甲烷经折光棱镜反射又回经甲烷室到平面镜,经平面镜的反射后与上述部分光束一同进入反射棱镜,经偏折进入望远镜系统。由于光程差的结果,在物镜的焦平面上产生干涉条纹,通过目镜即能观察到干涉条纹。当甲烷室与空气室都充满相同的气体(如空气)时,干涉条纹位置不移动,但当甲烷抽进甲烷室,由于光束通过的介质发生改变,干涉条纹相对原位置移动一段距离。测量这个位移量,便可知甲烷在空气中的含量。

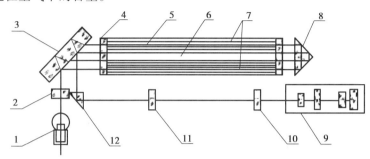

图 11.2 仪器结构

1—光源;2—聚光镜;3—平面镜;4—平行玻璃;5—气室;6—甲烷室;7—空气室;
8—折光棱镜;9—望远镜系统(目镜);10—测微玻璃;11—物镜;12—反射棱镜

1. 使用前的准备工作

①对药品进行检查:水分吸收器中装入 3 ~ 5 mm 粒度的氯化钙,如其为黏结块状,则要及时进行更换。仪器外接吸收管装的钠石灰应为粉红色,如失效变淡应及时更换。

②装药:将颗粒大小为 2 ~ 3 mm 的氯化钙或硅胶、4 ~ 5 mm 钠石灰等药品装入吸收管内,其中氯化钙或硅胶按海绵垫→花垫片→药品(装至一半处)→圆垫片→药品→花垫片→海绵垫的顺序依次装配(在短吸收管内装氯化钙或硅胶,用来吸收湿气,在长吸收管内装钠石灰,用来吸收二氧化碳。如果主要作甲烷测量,且湿气较大时,最好在长管内装氯化钙或硅胶,在短管内装钠石灰)。

在检查仪器性能时,必须将吸收管串入气路中,方可对仪器进行性能检查。

③对气路进行检查:先检查吸气球是否漏气,将吸气球上的橡皮管打弯捏紧后压扁吸气球,当松开被压扁的气球时,气球膨胀还原时间不少于 3 min,说明不漏气。再检查仪器是否漏气,一手压扁气球,一手堵住仪器进气口,球放开后不膨胀表明不漏气。最后检查气路是否畅通,捏球放开后,球复圆较快即可。

④检查光路系统:仪器装上电池,按上面的按钮,看微读数盘光亮正常后,再按下面一个按钮,通过目镜看是否有光亮而清晰的干涉条纹,同时旋转目镜,使分划板上数字清晰。如干涉条纹不清楚,可调动光源灯位置。

⑤对零:使用以前必须在和使用地区温度相接近(相差不超过 5 ℃)的新鲜空气中清洗甲烷室,这样可以减少温度变化引起对调好零位的条纹移动。捏放吸气球 5 ~ 6 次,清洗瓦斯室,然后按开关组 17 的上一个按钮,旋动测微手轮 16(微调螺旋),使微读数盘的零刻度和指标线条理重合,微读数盘刻度就对零了。微读数盘刻度对零后,再打开护盖 18(主调螺旋盖),之后按开关组 17 的下一个按钮,旋转调零手轮 19(主调螺旋),从目镜中观察,使干涉条纹中选定的黑基线与分划板上零刻度线相重合,这样,干涉条纹就对零了。然后盖上护盖 18(主调螺旋盖),不准打开,以防基线因碰撞而移动。要记住所选定的黑基线是哪一条(护盖不宜旋得太紧,以防止压迫壳体造成干涉条纹位移)。

2.甲烷 CH_4 的测定

①取样:仪器外接 CO_2 吸收管后,将其进气口接通装 CH_4 的胶皮球 3 s,利用装气体的气球压力进气取样,关闭装气气球。

②读数:由目镜观察所选定的黑条纹的移动处,读其所在位置低位的整数值(位于 2～3,读整数 2),再转动测微手轮,使黑条纹移到与所读数值整数刻度重合,然后读出微读数盘上的数值就是测定值的小数位(0.35),则测定的浓度就是整数加小数(即 2.35%)。

3.CO_2 的测定

①取样:仪器不接 CO_2 吸收管,就用检定器进气口直接接通装气样的胶皮嘴充气 3 s,瓦斯室就取样了。

②读数:如果气样胶皮中只是 CO_2,则直接将测得的 CO_2 浓度读数数值×校正值 0.952,就得到 CO_2 浓度值,如果装气样的胶皮球中是 CH_4 和 CO_2 的混合气体,需先接上二氧化碳吸收管,测出浓度,再取下二氧化碳吸收管测出混合气体的浓度。

CO_2 的浓度计算公式为:

$$混合气体浓度-沼气浓度=CO_2 的浓度读数值$$
$$CO_2 浓度 = CO_2 浓度读数值×0.952$$

注意:如果在矿井中取样,是捏扁、放开检定器吸气球 5～6 次进行的。

(三)用比长式一氧化碳检定管配合一氧化碳检定器测定一氧化碳浓度

1.CO 检定器与 CO 检定管的结构和原理

①结构:CO 检定器是带有一个三通阀、一个吸气口、一个检定管插入口,像注射器样的手动唧筒,有一个密闭活塞,其活塞杆上有 10 等分的刻度,可以读出吸入气体的体积,吸入气样的最大体积为 50 mL,当三通阀柄与筒身平行时,筒身与吸气口相通,当三通阀柄与筒身相垂直时,筒身与检定管相通,此时可以对检定管送入气样,当三通阀与筒身呈 45°角时,被吸入的气体与外界隔绝,被封存在听筒内待用。

检定管为两端封闭的玻璃管,其管内两端有保护层,中间以硅胶为载体,吸附与 CO 起反应的变色的化学指示剂填管中,使用时须切开两端密闭管。

②原理:CO 检定器利用唧筒将一定体积气样均匀地通过 CO 检定管,CO 检定管为线性变色管,当气体通过 CO 检定管时,CO 与载体上的化学试剂反应而变色,形成变色环,变色环的距离随气样中 CO 的含量成正比,这样,通过变色环的距离,可测出 CO 的含量。

目前所用的 CO 检定管其载体上的化学试剂为碘酸钾和发烟硫酸,当 CO 通达玻璃管时,因化学反应生成碘,形成一个棕色环。

2.取样

利用 CO 检定器来取样,把仪器吸气口插入装 CO 气样的球嘴,再把三通把手放到平行仪器筒身的位置,拉动活塞杆到底,就取到 50 mL 气样进入唧筒内,再把三通阀搬到 45°位置,以关闭筒内气样。

3.装比长式 CO 检定管

将比长式 CO 检定管的两端玻璃切掉,将检定管上标有小刻度值的一端插入检定器上端插孔中。

4.送气

将三通阀把手搬到垂直位置,打开秒表,以均匀速度推动活塞,在 90～100 s 将气样均匀地送入检定管中与指示剂反应,出现变色。

5.读数

其变色环长度与 CO 浓度成正比,直接从管上刻度。

五、思考题

煤矿空气中广义的瓦斯包含哪些气体?请分别简述甲烷和一氧化碳的危害。

实验十二
热催化甲烷测定仪和光学瓦斯检定器的校验

建议学时:2
实验类型:验证
实验要求:选做

一、实验目的

学会热催化甲烷测定仪的校验和光学瓦斯检定器的校验;学会分析催化甲烷测定仪的优缺点及适用条件,以及分析光学瓦斯检定器的优缺点及适用条件。

二、实验要求

①了解热催化甲烷测定仪和光学瓦斯检定器的结构和功能。
②掌握热催化甲烷测定仪和光学瓦斯检定器的校验设备与方法。
③掌握热催化甲烷测定仪和光学瓦斯检定器的校验与修正方法。

三、实验设备

①JZC-1 型热催化燃烧甲烷测定器检定装置。
②JZG-1 型光干涉甲烷测定器检定装置。

四、实验原理

1. 热催化甲烷测定仪的校验

热催化甲烷测定仪的配套装置主要由控制面板、减压器、开关阀、流量计、六通接头等组成,控制面板如图 12.1 所示。装置实际上是由能调节流量和关断气路的 5 条相对独立的气路紧密地组合而成,其具体连接如图 12.2 所示,装置将检定气体仪表时所需用的流量计和与标准气瓶连接的减压器通过阀门、六通和胶管连接起来,以达到简化操作过程、使用方便、提高检定工作效率的目的。

2. 光学瓦斯检定器的校验

光学瓦斯检定器整个装置由单管液体压入计、补偿微压计、压力调节器、五通、过滤器、截

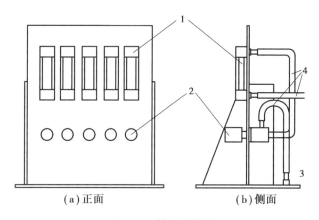

图 12.1 控制面板图

1—玻璃转子流量计;2—开关阀;3—六通;4—硅胶管

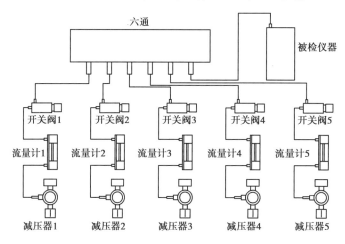

图 12.2 装置气路连接示意图

止阀、连接胶管组成,装置工作原理图如图 12.3 所示。

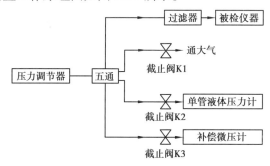

图 12.3 光干涉甲烷检定器检定装置工作原理图

调节压力调节器可以改变加到被检仪器上的压力大小,通过截止阀 K2、K3 的开关可选择相应压力计来测量所加压力的大小,通过截止阀 K1 的开关,可以通大气泄压或者封闭装置气路。装置的标准液体压力计由单管液体压力计、补偿微压计组成。单管液体压力计用于气密性能检查、7.0% 和 9.0% 两点基本误差检定,补偿微压计用于 1.0% 和 3.0% 两点基本误差检定。

单管液体压力计结构示意图如图 12.4 所示。

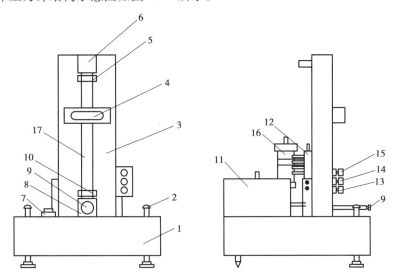

图 12.4　单管液体压力计结构示意图

1—底座;2—底座水平调节螺母;3—立柱钢架;4—读数放大镜;5—压紧螺母;6—上管座;7—水平泡;
8—下管座;9—放水阀;10—压紧螺母;11—大容器;12—五通;13—补偿微压计控制阀;
14—单管液体压力计控制阀;15—泄压控制阀 K1;16—过滤器;17—内标式玻璃管

五、实验步骤

1. 热催化甲烷测定仪的校验

①将 5 个减压器分别按顺序连接到标准气瓶上,逆时针转动 5 个减压器的调节手柄到最大位置,此时减压器关闭。

②将控制面板上的 5 个开关阀全部调至关闭位置(顺时针方向转动开关阀 90°关闭开关阀,逆时针方向转动开关阀手柄 90°开启开关阀)。

③打开标准气瓶阀,检查瓶内压力,若压力低于 0.5 MPa 应重新更换气瓶。压力正常,检查减压器与气瓶连接处是否漏气。

④当需要使用某种浓度的标准气体时,打开对应的开关阀,关闭其他的开关阀,用对应减压器按被检仪器说明书所规定的流量来调节标准气体流量大小,使其通过六通,进入被检仪器中。按照规程,可以作基本误差、报警误差、响应时间、重复性等项目的检定。

⑤检定完毕后,不再需要使用标准气体时,关闭各气瓶阀门,放掉减压器中余气后,关闭减压器,让开关阀处于开启状态,其余各种设备恢复原状,以便下次使用。

2. 光学瓦斯检定器的校验

JZG-1 型光干涉甲烷测定器检定装置的校验如下:

(1)调整

①将仪器置于平整且无振动影响的工作台上,调整补偿微压计和单管液体压力计底座水平调节螺钉,使水平泡指示水平(补偿微压计的调整和使用方法详见补偿微压计使用说明书)。

②补偿微压计和单管液体压力计加上适量蒸馏水,然后调整零点,单管压力计加蒸馏水由

大容器上部注水,如加水过多,液面超过零点,可调节放水阀放水。

③用胶管将压力调节器连接到五通接嘴上,将补偿微压计正压接嘴连接到补偿微压计控制阀 K3 上,具体连接如图 12.5 所示。

④开启控制阀 K1、K2、K3(逆时针方向转动手柄阀 90°开启,顺时针方向转动手柄阀 90°关闭),仔细调整好补偿微压计和单管液体压力计零位。

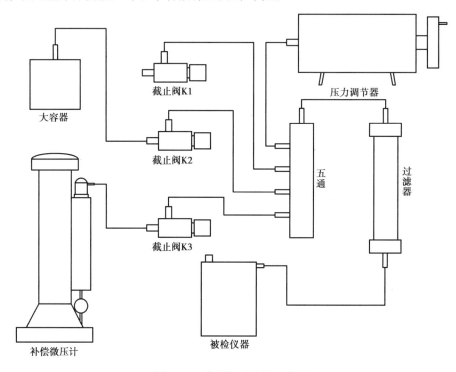

图 12.5　装置气路连接示意图

(2)使用

①基本误差检定:根据检定时的环境温度和当地重力加速度计算或查表得到 1%、3%、7%、9%所对应的标准压力值。进行 1%、3%点检定时,关闭阀 K1、K2,开启阀 K3 选用补偿微压计来测量压力,顺时针转运压力调节器,加压至相应标准压力值,读取被检仪器读数。进行 7%、9%点检定时,关闭阀 K1、K3,开启阀 K2 选用单管液体压力计来测量压力,顺时针转动压力调节器,加压至相应标准压力值,读取被检仪器读数。

②气密性检查:关闭阀 K1、K3,开启阀 K2 选用单管液体压力计来测量压力,顺时针转动压力调节器,加压至 7000 Pa,历时 5 min,观察单管液体压力计示值变化情况。

(3)瓦斯检定器的校正方法

仪器在使用一段时间或经过修理之后,都必须进行精度校正,可以采用水柱压力法或压力法。本校正方法采用水柱压力法。

在环境温度 20 ℃条件下,将气样室和空气室内充满新鲜空气,根据不同的仪器,按表 12.1、表 12.2 的规定在气样室内施加压力(调节水柱计高度),检定点选择每一分段的最大值,每点检定 3 次,取其最大值。若环境温度不是 20 ℃,可对应修正系数表(表 12.3)进行水柱计高度修正。

表 12.1　0～10% 光学瓦斯检定器校正时不同瓦斯浓度下气室超加压力值

甲烷浓度/%	0	1	2	3	4	5	6	7	8	9	10
压力/kPa	0	0.518	1.035	1.558	2.070	2.558	3.106	3.623	4.141	4.653	5.176
水柱高/mm	0	52.9	105.7	158.6	211.5	264.4	317.2	370.1	423.0	475.8	528.7

表 12.2　0～100% 光学瓦斯检定器校正时不同瓦斯浓度下气室超加压力值

甲烷浓度/%	0	10	20	30	40	50	60	70	80	90	100
压力/kPa	0	5.176	10.35	15.53	20.70	25.88	31.06	36.23	41.41	46.58	51.76

仪器经检修后除精度校正外,还应按照《光干涉式甲烷测定器》(MT28—2005)有关条款进行以下试验:

①跌落试验:调节仪器零位至 5% CH_4 并读数,在混凝土台上放置厚度为 50 mm 的杉木板或红松板,将不带护套的仪器除目镜侧外的其他各面从 100 mm 高处自由落下各 1 次,每次跌落后读取干涉条纹的移动量,CJG10 型仪器应不超过 ±0.2% ,CJG100 型仪器应不超过±3.0% 。

②气密性试验:将仪器的气路系统、空气室和盘形管等分别与压力计连接,施加 6.86 kPa(700 mm 水柱)的压力,保持 1 min,压力不得下降。

③稳定性试验:在(20±2)℃条件下,对不带护套的仪器经 24 h 稳定后,CJG10 型仪器应不超过±0.2% ,CJG100 型仪器应不超过 3.0% 。

表 12.3　校正系数表

温度/℃	系数	水柱计调到的实际值			
		(1±0.05)水柱计 20 ℃时的值:52.9	(3±0.10)水柱计 20 ℃时的值:211.5	(7±0.20)水柱计 20 ℃时的值:370.1	(10±0.30)水柱计 20 ℃时的值:528.7
15	0.982 2	51.96	207.74	363.50	519.3
16	0.985 7	52.14	208.48	364.8	521.1
17	0.989 3	52.33	209.24	366.1	523.0
18	0.992 9	52.52	210.00	367.5	524.9
19	0.996 5	52.71	210.76	368.8	526.8
20	1	52.90	211.50	370.1	528.7
21	1.004	53.11	212.35	371.6	530.8
22	1.007	53.27	212.98	372.7	532.4
23	1.011	53.48	213.83	374.4	534.5
24	1.015	53.69	214.67	375.7	534.6

续表

温度/℃	系数	水柱计调到的实际值			
		（1±0.05）水柱计 20 ℃时的值:52.9	（3±0.10）水柱计 20 ℃时的值:211.5	（7±0.20）水柱计 20 ℃时的值:370.1	（10±0.30）水柱计 20 ℃时的值:528.7
25	1.018	53.85	215.35	376.8	538.2
26	1.022	54.06	216.15	378.2	540.3
27	1.026	54.28	217.00	379.7	542.4
28	1.029	54.43	217.63	380.8	544.0
29	1.033	54.65	218.48	383.3	546.1
30	1.037	54.86	219.33	383.8	548.3
31	1.041	55.07	220.17	385.3	550.4
32	1.044	55.23	220.81	386.4	552.0
33	1.048	55.44	221.65	387.9	554.1
34	1.052	55.65	222.50	389.30	556.2
35	1.056	55.86	223.34	390.8	558.3

六、思考题

为什么要进行便携式瓦斯检测仪和光学式瓦斯检查仪的校正?

实验十三
矿井集中监测监控系统演示

建议学时:2
实验类型:演示
实验要求:必做

一、实验目的

①了解矿井集中监测监控系统的组成和功能。
②掌握矿井集中监测监控系统中心站、分站设置地点要求。
③掌握矿井集中监测监控系统各类传感器设置地点要求。

二、实验要求

通过实验,掌握了解矿井环境安全监控各系统的组成与功能。

三、实验仪器

矿井集中监测监控系统(自动显示)模型如图 13.1 所示。

图 13.1　矿井集中监测监控系统(自动显示)模型

四、实验步骤(由教师操作讲解)

①模拟矿井生产、安全通风设备的运行状态并实施监控。

②模拟矿井井上、井下各种安全参数连续监测监控及报警和闭锁。

③计算机显示各模拟参数 24 h 的变化曲线。

五、矿井环境安全监控系统组成与功能

1.用途

该系统应用先进的现场技术,由单片机构成工作站,是新型的监控系统,为了便于教学培训将井下系统放入模拟盘,使整个监控系统更加具体、系统、形象化,比较直观地反映出井下各级检测系统。

2.系统组成及功能

（1）系统组成

该系统由地面部分和井下部分构成,由模拟盘、微机(主站)、各个工作站、各种模拟量传感、开关量传感以及断电控制系统组成,如图 13.2 所示。

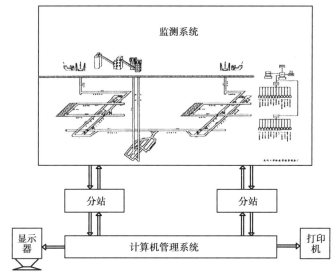

图 13.2　矿井环境安全监测系统

（2）系统主要功能

①通过系统模拟盘能模拟矿井主要生产设备的运行状态(开关量)及其开停时间、次数、累计运行时间。

②可显示矿井各种安全参数(模拟量),如瓦斯浓度、风速、负压、温度等,具有安全参数实时曲线、安全参数超限报警等功能。

③可模拟显示各工作面情况。

模拟的井下工作站用于完成数据采集,与地面主站进行通信,并具有瓦斯超限断电功能,两组瓦斯传感器、断电仪可接成风、电、瓦斯闭锁系统。

（3）工作站概述

工作站有 4 个模拟量端口、8 个开关输入量端口、4 个开关控制量端口。模拟量端口可接

入各类输出信号的模拟量传感器,开关量端口可接入各种电流型设备开/停传感器。

工作站采用 MCS-51 系列单片 8031 作为信号处理单元,工作站全部采用低功耗 CMOS 集成电路芯片,正常工作电流<200 mA,工作站板四周装配有工程塑料接线端子,各端子均标有电源+、电源−、信号+、信号−等字样,控制量输出为 5 V/0 ~ 5 mA 信号,4 个控制量分别对应 4 个模拟量信号,分别配接微型断点仪以实现断电或组合起来实现风、电、瓦斯闭锁。

工作站主板上装有拨码开关,用于工作站地址编码;设有两个通信指示发光二极管,用于指示通信是否工作正常。工作站使用时,无须进行零点调整。

工作站设计有看门狗电路,抗电源波动性极强,不会出现死机现象。

在瓦斯超限时,工作站自动输出信号使断电仪闭锁断电,瓦斯降低到解锁值以下时,断电仪自动解锁,无须人工复位。

(4)工作站程序原理

程序框图如图 13.3 所示(工作站监控程序清单略)。

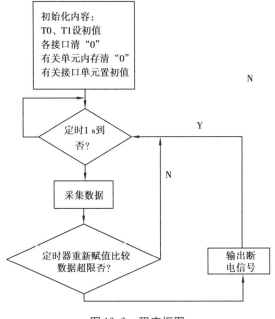

图 13.3　程序框图

(5)工作站技术参数

工作站工作电压:DC12 ~ 18 V。

工作站工作电流:<200 mA。

数据采集容量:

开关输入量:8 路　　信号标准 1 ~ 5 mA/0 ~ 8 V。

模拟输入量:4 路　　信号标准 0 ~ 150 Hz;0 ~ 155 Hz;220 ~ 1 000 Hz。

开关控制量:4 路　　信号标准 0 ~ 5 mA/5 V。

六、思考题

①矿井环境安全监控系统由哪些部分组成?

②为什么煤矿必须进行矿井环境监测监控?

实验十四
煤的坚固性系数测定

建议学时:2
实验类型:验证
实验要求:必做

一、实验目的

加深了解煤的坚固性系数的概念,掌握煤的坚固性系数对煤与瓦斯突出的影响及煤的坚固性系数的测定方法。

二、实验要求

学会测定煤的坚固性系数的方法,理解煤的坚固性系数对煤的物理力学性质的影响以及煤与瓦斯突出的影响。

三、实验仪器

捣碎筒、计量筒、分样筛(孔径分别为 20、30 和 0.5 mm)、天平(最大称量 1 000 g、感量 0.5 g)、小锤、漏斗、容器,如图 14.1—图 14.7 所示。

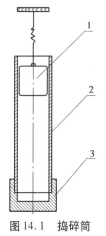

图 14.1 捣碎筒
1—重锤;2—筒体;3—筒底

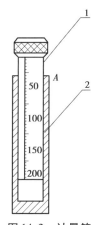

图 14.2 计量筒
1—活塞尺;2—量筒

图 14.3　20 mm~30 mm 分样筛的底和顶盖

图 14.4　0.5 mm 分样筛

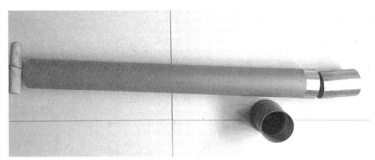
图 14.5　捣碎筒

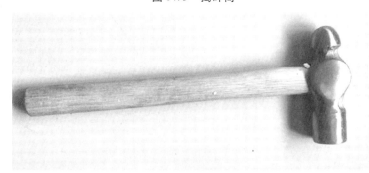
图 14.6　手锤

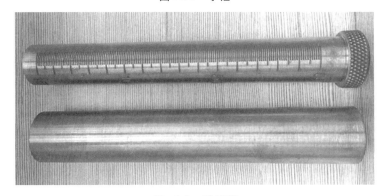
图 14.7　计量筒

四、实验步骤

1. 采样与制样

①沿新暴露的煤层厚度的上、中、下部各采取块度为 100 mm 左右的煤样两块,在地面打钻取样时应沿煤层厚度的上、中、下部各采取块度为 100 mm 的煤芯两块。煤样采出后应及时用纸包上并浸蜡封固(或用塑料袋包严),以免风化。

②煤样要附有标签,注明采样地点、层位、时间等。

③在煤样携带、运送过程中应注意不得摔碰。

④把煤样用小锤碎制成 20 ~ 30 mm 的小块,用孔径为 20 mm 或 30 mm 的筛子筛选。

⑤称取制备好的试样 50 g 为一份,每 5 份为 1 组,共称取 3 组。

2. 测定步骤

①将捣碎筒放置在水泥地板或厚 20 mm 的铁板上,放入试样一份,将 2.4 kg 重锤提高到 600 mm 高度,使其自由落下冲击试样,每份冲击 3 次,把 5 份捣碎后的试样装在同一容器中。

②把每组(5 份)捣碎后的试样一起倒入孔径 0.5 mm 分样筛中筛分,筛至不再漏下煤粉为止。

③把筛下的粉末用漏斗装入计量筒内,轻轻敲打使之密实,然后轻轻插入具有刻度的活塞尺与筒内粉末面接触。在计量筒口相平处读取数 l(即粉末在计量筒内实际测量高度,读至 mm)。

当 $l \geqslant 30$ mm 时,冲击次数 n,可定为 3 次,按以上步骤继续进行其他各组的测定。

当 $l < 30$ mm 时,第一组试样作废,每份试样冲击次数 n 改为 5 次,按以上步骤进行冲击、筛分和测量,仍以每 5 份为一组,测定煤粉高度 l。

3. 坚固性系数的计算

坚固性系数按下式计算为

$$f = \frac{20n}{l}$$

式中:f——坚固性系数;

　　　n——每份试样冲击次数,次;

　　　l——每组试样筛下煤粉的计量高度,mm。

测定平行样 3 组(每组 5 份),取算数平均值,计算结果取 1 位小数。

4. 软煤坚固性系数的确定

如果取得的煤样粒度达不到测定 l 值所要求粒度(20 ~ 30 mm),可采取粒度为 1 ~ 3 mm 的煤样按上述要求进行测定,并按下式换算为

当 $f_{1\text{-}3} > 0.25$ 时,$f = 1.57$,$f_{1\text{-}3} = 0.14$。

当 $f_{1\text{-}3} \leqslant 0.25$ 时,$f = f_{1\text{-}3}$

式中:$f_{1\text{-}3}$——粒度为 1 ~ 3 mm 时煤样的坚固性系数。

表 14.1　煤的坚固性系数测定记录表

测定日期：

煤样编号	煤种类别	试样编号	冲击次数 n	计量筒读数 l/mm	坚固性系数/f	f的平均值	备注

测定：　　　　　　　　　　　　　　　　　　　　　　　　计算：

实验十五
煤与瓦斯突出预测

建议学时:8
实验类型:综合
实验要求:必做

一、实验内容

ΔP 和 ΔD 值的测定。

二、实验目的

学会测定煤的瓦斯放散初速度和扩散初速度的方法,理解煤的瓦斯放散初速度的作用。

三、实验要求

了解突出预测设备及煤与瓦斯突出的预测方法,学会测定煤的瓦斯放散初速度和扩散初速度的方法,并能通过所测数据,判断煤层是否具有突出危险性。

四、实验设备

WT-1 型瓦斯扩散速度测试仪如图 15.1 所示。

WT-1 型瓦斯扩散速度测试仪主要用于煤与瓦斯突出危险性预测中测定煤质指标——瓦斯放散初速度 ΔP;考查研究煤的瓦斯放散。

五、实验原理

在煤与瓦斯突出发生、发展过程中,就煤质自身而言,人们公认的观点只有两个因素:

一是煤的强度。强度越大越不容易破坏,对突出发展的阻力越大,突出的危险性就越小;煤的强度越小越易破坏,其阻力越小,破碎所需的能量就越小,突出危险性也就越大。

二是煤的放散瓦斯能力。在突出的最初一段时间内煤中所含的瓦斯放散出得越多,在突出过程中就容易形成携带煤体运动的瓦斯流,其突出危险性就越大。如煤中含有大量瓦斯,但在短时间内放出的量很小,那么这种煤虽含有大量瓦斯,但不易形成瓦斯流,其突出危险性就越小。

该仪器就是测定上述煤质自身的第二个因素,煤的瓦斯放散能力:①煤的放散初速度 ΔR;

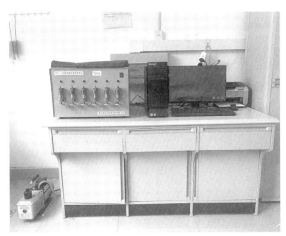

图 15.1　WT-1 型瓦斯扩散速度测试仪

②煤样在 1 min 内的瓦斯扩散速度 ΔD。

煤的瓦斯放散初速度 ΔP,是指在 1 个大气压下吸附后用 mmHg 表示的 45～60 s 的瓦斯放散量与 0～10 s 内放散量的差值。

煤样在 1 min 内的瓦斯放散速度 ΔD,是在 1 个大气压下的吸附后,在 0～60 s 各段时间上煤样放散出的瓦斯累计量。

六、实验步骤

1. 煤样的制取和填装

①在井下采新鲜暴露面的煤样,并按煤层破坏类型分层采样,每一煤样质量为 500 g,或者地面打钻取样时取新鲜煤芯 500 g,煤样应附标签注明采样地点、层位、采样时间等。煤样粉碎混合后,将粒度符合标准(粒度为 0.2～0.25 mm)的煤样仔细均匀混合后,称出煤样,每份质量为 3.5 g;潮湿煤样要自然晾干,除掉煤的外在水分。

②旋下仪器的煤样瓶下部的紧固螺栓,将煤样装入。为防止脱气和充气时的煤尘飞入仪器内部,必须在煤样上盖好一层脱脂棉。装上煤样瓶后先用手扶正,再旋紧紧固螺栓。

2. 实验过程

①开始测试时首先打开计算机电源,启动后再打开仪器电源与真空泵电源。

②执行 WT-1 监控系统软件,系统界面如图 15.2 所示。

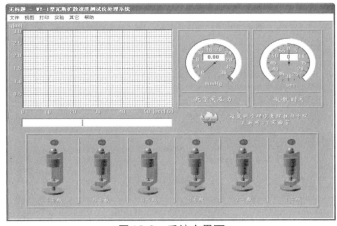

图 15.2　系统主界面

选中　　　　　未选中

图 15.3　选择煤样瓶图标

③选择煤样瓶图标。仪器面板上的煤样瓶和界面中的图标是——对应的,从右向左依次为 1#—6#,单击图标可选择或放弃该煤样实验。

仪器面板上的煤样瓶和界面上的图标是 1#—6#。选中要测试的煤样瓶图标,选中或未选中时图标如图 15.3 所示。

④选择菜单项"放散速度 ΔP",然后在如图 15.4 所示的对话框中为每个要测试的煤样命名和设置保存路径。点击"下一步"后,实验全部由仪器自动完成。

脱气、漏气检测与充气的过程如图 15.4—图 15.7 所示。

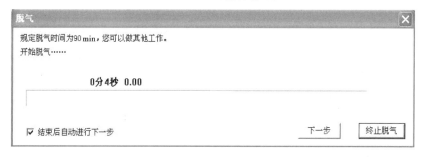

图 15.4　设定煤样保存路径

图 15.5　煤样脱气

图 15.6　漏气检测

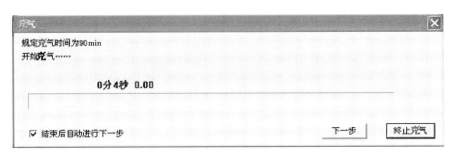

图15.7　煤样充气

在学习或调试时为节省时间可随时单击"下一步"提前结束该过程。正式实验时必须达到规定时间,否则会影响实验结果的准确性。其中"漏气检测"一项对话框如图15.7所示,若能正常进入下一步则说明密封较好,否则按提示重新安装煤样罐或更换密封圈。

充气时注意蓄水瓶摆放应高于蓄气瓶,使两瓶液体存在压差。

⑤依次对每个煤样进行一次死空间脱气和向死空间放气的过程,同时动态地显示煤样的扩散速度曲线,自动保存测试结果,最后显示出来。

⑥实验结束。首先关闭仪器电源,然后一步步关闭计算机,切断真空泵电源。

七、实验记录数据的管理

系统为每一个实验煤样的扩散速度、放散速度分别创建一个以".ks"".fs"为扩展名的数据文件。煤样的扩散速度、放散速度曲线及计算结果都被保存起来。为了便于管理,建议用户在文件存盘时起一个便于识别、具有特征的文件名,如丁12-7、老虎台32等。文件存放位置应当集中在一个或几个专门的目录(或文件夹)内,并做备份,避免因计算机病毒感染、误操作引起的文件丢失。

查看数据文件时,在菜单中选择文件\打开,则弹出一个对话框,若需要查看放散速度文件,可在文件类型下拉列表中选择"∗.fs";若是扩散速度文件则选"∗.ks"。单击"打开",屏幕上显示出该煤样的曲线和 ΔD 或 ΔP 的值。对话框如图15.8所示。

图15.8　打开文件

实验的扩散速度、放散速度曲线、计算结果等可通过报表的形式打印出来。打印过程如下:

①打印前,检查打印机电源是否插上,打印电缆是否连接。在打印机装纸夹内装好B5打印纸。

②打开数据文件,否则打印出来的是一张空表。

③输入打印文本。选取菜单"输入文本",弹出如图 15.9 所示报表参数设置对话框,用于设置打印报表的附加项目,如日期、标题、备注等内容。然后单击"确认"。

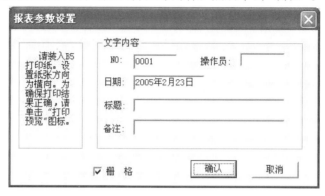

图15.9　报表参数设置

④打印设置。选取菜单"打印设置",弹出打印设置对话框,如图 15.10 所示。设纸大小为 A4 或者 B5,纸张方向为"横向",单击"确认"。

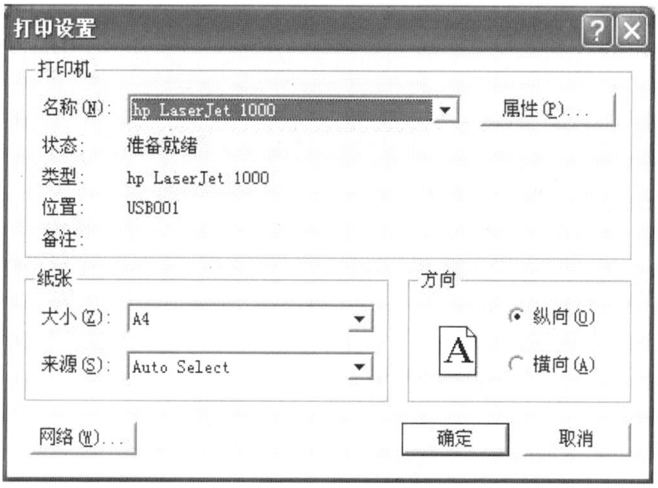

图15.10　打印设置

⑤为了确保打印结果正确,选取菜单"打印预览"进行预览,如图 15.11 所示。用户可以随意放大、缩小来查看打印的页面。

⑥选取菜单"文件\打印",先弹出文本输入对话框,单击确认后弹出如图 15.12 所示的打印对话框。单击"打印"按钮,打印文件。

注意:如果不能输出正确结果,问题的原因可能是打印驱动程序没有安装或打印机设置不正确。首先参照《打印机说明书》和《Windows 使用手册》等相关书籍正确安装打印机驱动程序,然后单击"开始"菜单,选择"开始\设置\打印机",右键单击系统配置的打印机图标后,在弹出的快捷菜单中选择"设为默认值"。如果照以上步骤正常打印结果仍不正常,按照《打印机说明书》和《Windows 使用手册》对打印机属性进行正确设置。

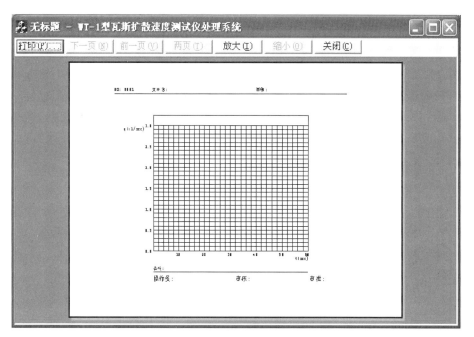

图 15.11　打印预览

图 15.12　打印

八、注意事项

①所用的瓦斯气浓度应大于 99.99%,否则若含有氧气、二氧化碳和水分,应安装过滤、干燥装置。

②脱气充气过程中,不允许关闭计算机电源或退出本系统。

③装完煤样后,必须在煤样上盖好一层脱脂棉,并且每次实验必须更换新的脱脂棉。

④非专业人员不得对仪器进行随意拆卸。

⑤仪器所配计算机应专机专用,不要随意安装游戏及其他软件。

附录　WT-1 型瓦斯放散速度测定仪使用操作规程

1. 采样

在煤层新鲜暴露面上采取煤样,并按煤层破坏类型分层采样,每一煤样重 250 g。地面打钻取样时取新鲜煤芯 250 g,煤样应附标签注明采样地点、层位、采样时间等。

2. 制样与装填

将所采煤样进行粉碎,筛分出粒度为 0.2 ~ 0.25 mm 的煤样。每一个煤样取两个试样,作为平行样,每个试样重 3.5 g。潮湿煤样要自然晾干,除掉煤的外在水分。

旋下仪器的煤样瓶下部的紧固螺栓,将煤样装入。为防止脱气和充气时的煤尘飞入仪器内部,必须在煤样上盖好一层脱脂棉,并且每次实验必须更换新的脱脂棉。按顺序装上煤样瓶后用手扶正,再旋紧紧固螺栓。

3. 实验步骤

①打开计算机电源,随后打开仪器电源,再打开气袋开关。

②执行 WT-1 监控系统软件。

③按照所装煤样的序号依次选择煤样瓶图标。

④点击监控系统软件上的"实验"字样,然后点击"放散速度 ΔP"进行测试,依次为每个要测试的煤样命名和设置保存路径,单击"下一步",仪器将按所选项自动完成全部实验步骤。

⑤扩散速度、放散速度曲线、计算结果可通过报表的形式打印出来。

⑥实验结束应先关闭仪器电源,再关闭计算机电源,最后关闭气袋开关。

实验十六
煤与瓦斯突出演示、瓦斯爆炸演示、瓦斯抽放演示

建议学时:2

实验类型:演示

实验要求:必做

一、实验目的

加深煤与瓦斯突出的对煤矿生产的危害以及瓦斯爆炸危险性的理解,掌握不同瓦斯抽采方法的优缺点及适用条件。

二、实验要求

通过实验加深煤与瓦斯突出危害性的理解,了解产生煤与瓦斯突出的原因及产生瓦斯爆炸的因素和条件,掌握不同瓦斯抽放方法的优缺点及适用条件。

三、实验演示

(一)煤与瓦斯突出演示

1. 实验设备

煤与瓦斯突出演示装置如图 16.1 所示。

2. 实验步骤

①将进料口打开,将配料装入突出漏斗,装满为止。

②将阀门复位手柄按下,将阀门复位,然后用力按下复位手柄将阀门锁紧。

③检查巷道是否复位。

④打开电源开关。

⑤打开充气开关,启动气泵,听到连续嘶嘶响声,气泵正常。

⑥气泵向高压气包和突出漏斗充气,气压充到 0.2 ~ 0.3 MPa 压力即可。

3. 注意事项

①实验前,检查各部位是否正常。

②实验时,复位手柄一定要到位。

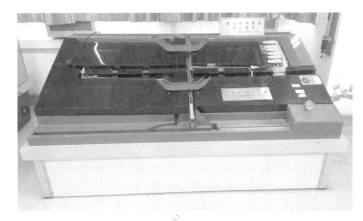

图 16.1　煤与瓦斯突出演示装置

③充气压力一定要按照规定的压力,不得超过。

④充气时,若发现漏气,可将复位于手柄用力推进。

⑤供电电源是 220 V,操作注意安全,非专业人员不得随意打开控制部分。

(二)瓦斯煤尘爆炸演示

1. 实验设备

智能型瓦斯煤尘爆炸综合实验装置如图 16.2 所示。

图 16.2　智能型瓦斯煤尘爆炸综合演示装置

该装置由 8 个部分组成:煤尘爆炸腔、瓦斯爆炸腔、瓦斯、氧气浓度显示仪、温度控制仪、遥控仪、气泵和操作台。

技术参数:

①外形尺寸:2.0 m×1.6 m×0.76 m,瓦斯爆炸容积:0.063 m³。

②供电电压为交流 220 V,电磁阀均为交流 220 V。

③瓦斯浓度误差±0.5%。

④充气压力 0.06～0.07 MPa。

⑤煤尘粒度 120 目。

⑥一次煤尘喷出量为 80 g。

2. 实验步骤

（1）实验前准备

①准备好99%高浓度瓦斯一袋。

②准备好具有爆炸性的煤尘500 g,粒度为>120目,经烘干后放入磨口瓶内。

③电源插座一个。

（2）瓦斯爆炸引起煤尘爆炸实验步骤

①将电源开关先关掉。

②在没有充入瓦斯之前,将220 V电源接通,按下面板电源开关,各显示屏亮,瓦斯显示为0~0.5%,温度为当时天气温度,氧气为21%,然后检查遥控器各功能是否正常,若一切正常,关闭电源。

③搬动移动手柄将煤尘爆炸腔拉出。从喷煤孔装入煤尘或将煤尘放在煤尘爆炸腔底板上。然后将爆炸专用纸贴到瓦斯爆炸开放端,贴牢再将煤尘爆炸腔推移复位并将煤尘爆炸腔锁紧。

④启动计算机,待计算机控制程序运行正常后打开控制仪电源开关。

⑤打开电源开关。指示灯亮,瓦斯浓度显示仪、氧气含量显示仪显示数字,表示电源接通,显示仪正常工作。若瓦斯显示屏显示不是零,可调整显示仪调零电位器。

⑥按下"混合"键启动风机将瓦斯爆炸腔内气体处于混合状态,若需停止再按下"停止"键。

⑦将瓦斯经瓦斯输入口缓慢输入瓦斯爆炸腔内。观察瓦斯浓度含量,若达到要求浓度,关闭瓦斯输入开关。继续将瓦斯与空气进行自动混合,待瓦斯、氧气含量稳定后,关闭混合开关。等待起爆。如果瓦斯浓度太高,超过要求时,按下"调节"键,新鲜空气自动输入瓦斯爆炸腔内,待达到要求时再按下"停止"键停止输入新鲜空气。调节完毕。氧气含量与瓦斯浓度的含量有直接关系,氧气含量低于12%瓦斯不爆炸。

⑧将人员撤离10 m以外。

⑨等待起爆(起爆设置两种起爆方法:①高压点火起爆;②高温点火起爆,可检测点火温度)。

⑩一切工作准备好后,起爆人员再次检查各项指针是否符合要求,然后离开爆炸装置5 m。

⑪选择高压点火起爆,按下遥控器"电爆"键,瓦斯浓度显示仪倒计时红灯从4逐渐显示到0时,自动喷煤、点火器产生电火花瓦斯起爆。观察瓦斯、煤尘爆炸的全部过程及连锁爆炸的爆炸声和剧烈的爆炸现象,声、光的产生。

⑫选择高温点火起爆,按下"温爆"键,加热器进行缓慢加热,观察温度显示仪温度变化和加温灯光提示,当温度达到瓦斯爆炸温度时,瓦斯爆炸。如果中断加温,请按下"停止"键,需要停止到某一温度请按下"停止"键,加温停止,温度保持不变。手动操作和计算机操作步骤一样。

⑬起爆后,立即关掉电源开关,用吸尘器将落入瓦斯爆炸腔内的煤尘吸出。操作时严禁用手接触点火头。

（3）隔爆实验

①按照上述实验第①、②、③步进行。

②将150 g岩粉放入煤尘爆炸腔底板靠近瓦斯爆炸腔端,然后将煤尘依次放到底板上。

③按上述实验第④、⑤、⑥、⑦、⑧、⑨、⑩、⑫、⑬步进行。

(4)注意事项

①该仪器要由专人负责操作、保管和维护。实验前详细阅读说明书,了解操作步骤和功能键。

②演示现场严禁抽烟,非操作人员不得靠近现场,并离开10 m以外。

③每次实验后,瓦斯爆炸腔和爆炸腔内应用软布擦洗,保持内壁清洁。清洗腔内时,注意腔内电器元件,不得碰坏。

④连线时一定要按各自的接口对接好,以免连错,损坏仪器。

⑤线路复杂,严禁非专业人员接触电路。

⑥在实验操作时,严禁按错功能键,尤其是"温爆"键,不得随意按下,以免误爆。

⑦清洗内腔时,注意高压点火器,不得碰坏。

⑧实验一定时间以后,若发现瓦斯探头有漂移现象时,这时需要对瓦斯浓度显示数字进行校正。校正方法如下:在正常的实验步骤第⑧项做好之后,将光学瓦斯检测仪吸气口对准瓦斯输入口,将瓦斯爆炸腔内的混合瓦斯抽入光学瓦斯检测仪器包中,观察瓦斯浓度。如果连续两次校正与显示仪上的浓度相符,则说明信号仪无误;如不符,可通过显示仪面板上的小孔,用专用螺丝刀调整内置电位器,直到相符为准,然后关闭瓦斯输入开关。

⑨搬移时,小心轻放,以免损坏电器组件。

⑩严禁带电插接连接线,以免相互之间短路。

⑪每次试验前显示屏必须调整到零,否则将影响精度。

⑫开始工作,打开瓦斯显示仪,如果显示数字不在0.0~0.2跳跃,需要调零,调整方法为:打开仪器后面板,面对仪器一侧调整右侧电位器,顺时针旋转电位器,显示数字到要求值为准。

⑬每次实验结束后,应迅速关闭电源,以免传感器中毒。如继续实验,请打开调节键,将新鲜空气泵入爆炸腔。

(三)瓦斯抽采演示

1.实验设备

瓦斯抽采演示装置如图16.3所示。

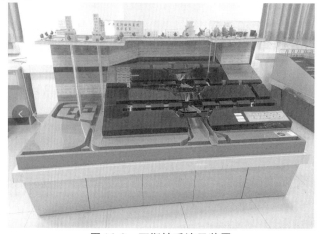

图16.3　瓦斯抽采演示装置

本装置将地面抽放设施、设备及井下抽放形式、抽放路线展现出来。具有光电显示功能，井下瓦斯抽放管道显示；按下电源开关，此时再按下演示开关，系统就开始工作，可看到井下的几种抽放形式、抽放路线以红色流水灯展现出来，一目了然。

2. 操作步骤

①打开电源开关，控制回路带电，处在待机状态。

②打开通风开关，演示矿井通风系统，新鲜风流经井筒、运输大巷、车场、轨道上山、区段平巷到达工作面，乏风经区段回风平巷、回风石门、回风大巷、风井到达地面。

③打开边采边抽开关，红灯点亮演示边采边抽，瓦斯从煤体中抽出，经管道被送到地面。

④打开边掘边抽开关，演示边掘边抽，瓦斯从掘进巷道抽出，经管道被送到地面。

⑤打开巷道抽放开关，演示巷道抽放。

⑥打开工作面密闭抽放开关，灯光演示工作面密闭抽放时瓦斯抽出的路径。

⑦打开采空区密闭抽放开关，灯光演示采空区密闭抽放。

⑧打开钻场抽放开关，灯光演示钻场抽放。

⑨打开主井开关，主井箕斗上下运动开始运煤。

⑩打开副井开关，副井罐笼开始上下运动。

⑪演示完毕，请将所有的开关复位。

3. 注意事项

①因为模型主体采用木结构，各部分采用有机玻璃制作，所以要防潮、防晒、轻拿、轻放，以免有机玻璃变形、开裂。

②要有专业人员负责模型的日常维护、保养、清洁和管理。

四、思考题

①瓦斯的危害是什么？

②瓦斯爆炸的条件是什么？怎样预防瓦斯爆炸的发生？

③煤尘在煤矿生产过程中有哪些危害？

④煤尘爆炸的条件是什么？怎样防止煤尘爆炸的发生？

⑤煤与瓦斯突出的特征是什么？

⑥瓦斯抽采的方法有哪些？分别适合什么样的条件？

实验十七
煤的比表面积和孔径的测定

建议学时:8
实验类型:验证
实验要求:选做

一、实验目的

通过实验,加深瓦斯在煤体内的动态平衡过程概念的理解,加强理解影响瓦斯释放过程的因素,充分理解煤的比表面积、孔径对煤与瓦斯突出的影响。

二、实验要求

加深瓦斯在煤体内的动态平衡过程概念的理解,加强理解影响瓦斯释放过程的因素,充分理解煤的比表面积、孔径对煤与瓦斯突出的影响;学会煤的比表面积、孔径的测定方法。

三、仪器设备

3H-2000PS2 型比表面积测试仪外观如图 17.1 所示。

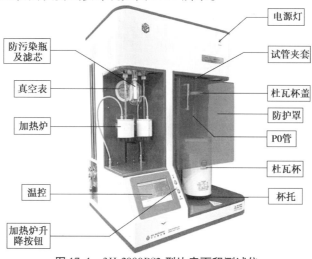

图 17.1 3H-2000PS2 型比表面积测试仪

四、实验原理

1. 背景知识

细小粉末中相当大比例的原子处于或靠近表面。如果粉末的颗粒有裂缝、缝隙或在表面上有孔,则裸露原子的比例更高。固体表面的分子与内部分子不同,存在剩余的表面自由力场。同样的物质,粉末状与块状有着显著不同的性质。与块状相比,细小粉末更具活性,显示出更好的溶解性,熔结温度更低,吸附性能更好,催化活性更高。这种影响是如此显著,以至在某些情况下,比表面积及孔结构与化学组成有着相当的重要性。无论在科学研究还是在生产实际中,了解所制备的或使用的吸附剂的比表面积和孔径分布有时是很重要的事情。例如,比表面积和孔径分布是表征多相催化剂物化性能的两个重要参数。一个催化剂的比表面积大小常常与催化剂活性的高低有密切关系,孔径的大小往往决定着催化反应的选择性。目前,发明了多种测定计算固体比表面积和孔径分布的方法,不过使用较多的是低温氮物理吸附静态容量法。

气体与清洁固体表面接触时,在固体表面上气体的浓度高于气相,这种现象称吸附(adsorption)。吸附气体的固体物质称为吸附剂(adsorbent);被吸附的气体称为吸附质(adsorptive);吸附质在表面吸附以后的状态称为吸附态。

吸附可分为物理吸附和化学吸附。化学吸附是指被吸附的气体分子与固体之间以化学键力结合,并对它们的性质有一定影响的强吸附。物理吸附是指被吸附的气体分子与固体之间以较弱的范德华力结合,而不影响它们各自特性的吸附。

2. 孔的定义

固体表面多种原因总是凹凸不平,凹坑深度大于凹坑直径就成为孔。有孔的物质称为多孔体(porous material),没有孔的物质是非孔体(nonporous material)。多孔体具有各种各样的孔直径(pore diameter)、孔径分布(pore size distribution)和孔容积(porevolume)。

孔的吸附行为因孔直径而异。孔大小(孔径)分为:

微孔(micropore)　<2 nm;

中孔(mesopore)　2~50 nm;

大孔(macropore)　50~7 500 nm;

巨孔(megapore)>7 500 nm(大气压下水银可进入)。

此外,把微粉末填充到孔里面,粒子(粉末)间的空隙也构成孔。虽然在粒径小、填充密度大时形成小孔,但一般都是形成大孔。分子能从外部进入的孔称为开孔(open pore),分子不能从外部进入的孔称为闭孔(closed pore)。

单位质量的孔容积称为物质的孔容积或孔隙率(porosity)。

(1)吸附平衡

固体表面上的气体浓度由于吸附而增加时,称为吸附过程(adsorption);反之,当气体在固体表面上的浓度减少时,称为脱附过程(desorption)。

吸附速率与脱附速率相等时,表面上吸附的气体量维持不变,这种状态称为吸附平衡。吸附平衡与压力、温度、吸附剂的性质、吸附质的性质等因素有关。一般而言,物理吸附很快可以达到平衡,而化学吸附则很慢。

吸附平衡有等温吸附平衡、等压吸附平衡和等量吸附平衡3种。

（2）等温吸附平衡——吸附等温线

在恒定温度下,对应一定的吸附质压力,固体表面上只能存在一定量的气体吸附。通过测定一系列相对压力下相应的吸附量,可得到吸附等温线。吸附等温线是对吸附现象以及固体的表面与孔进行研究的基本数据,可从中研究表面与孔的性质,计算出比表面积与孔径分布。

吸附等温线有5种(图17.2)。吸附等温线的形状直接与孔的大小、多少有关。人们通常将它们分别称为第Ⅰ类吸附等温线、第Ⅱ类吸附等温线,……,第Ⅴ类吸附等温线,这种分类法通常称为吸附等温线的 B. E. T. 分类。

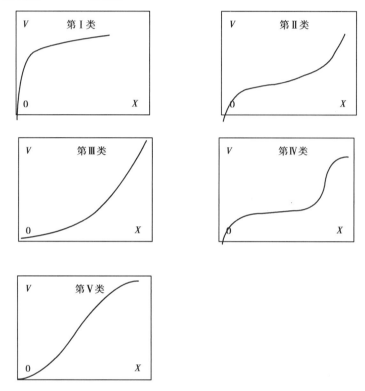

图 17.2　物理吸附等温线的 5 种类型

①Ⅰ型等温线:Langmuir 等温线

相应于朗格缪单层可逆吸附过程,是窄孔进行吸附,而对于微孔来说,可以说是体积充填的结果。样品的外表面积比孔内表面积小很多,吸附容量受孔体积控制。平台转折点对应吸附剂的小孔完全被凝聚液充满。微孔硅胶、沸石、碳分子筛等,出现这类等温线。

这类等温线在接近饱和蒸气压时,微粒之间存在缝隙,会发生类似于大孔的吸附,等温线会迅速上升。

②Ⅱ型等温线:S 形等温线

相应于发生在非多孔性固体表面或大孔固体上自由的单一多层可逆吸附过程。在低 P/P_0 处有拐点 B,是等温线的第一个陡峭部,它指示单分子层的饱和吸附量,相当于单分子层吸附的完成。随着相对压力的增加,开始形成第二层,在饱和蒸气压时,吸附层数无限大。

这种类型的等温线,在吸附剂孔径大于 20 nm 时常遇到。它的固体孔径尺寸无上限。在低 P/P_0 区,曲线凸向上或凸向下,反映了吸附质与吸附剂相互作用的强或弱。

③Ⅲ型等温线:在整个压力范围内凸向下,曲线没有拐点 B

在憎液性表面发生多分子层,或固体和吸附质的吸附相互作用小于吸附质之间的相互作用时,呈现这种类型,如水蒸气在石墨表面上吸附或在进行过憎水处理的非多孔性金属氧化物上的吸附。在低压区的吸附量少,且不出现 B 点,表明吸附剂和吸附质之间的作用力相当弱。相对压力越高,吸附量越多,表现出有孔充填。有一些物系(如氮在各种聚合物上的吸附)出现逐渐弯曲的等温线,没有可识别的 B 点。在这种情况下吸附剂和吸附质的相互作用是比较弱的。

④Ⅳ型等温线

低 P/P_0 区曲线凸向上,与Ⅱ型等温线类似。在较高 P/P_0 区,吸附质发生毛细管凝聚,等温线迅速上升。当所有孔均发生凝聚后,吸附只在远小于内表面积的外表面上发生,曲线平坦。在相对压力 1 接近时,在大孔上吸附,曲线上升。

由于发生毛细管凝聚,在这个区内可观察到滞后现象,即在脱附时得到的等温线与吸附时得到的等温线不重合,脱附等温线在吸附等温线的上方,产生吸附滞后(adsorption hysteresis),呈现滞后环。

这种吸附滞后现象与孔的形状及其大小有关,通过分析吸脱附等温线能知道孔的大小及其分布。

Ⅳ型等温线是中孔固体最普遍出现的吸附行为,多数工业催化剂都呈Ⅳ型等温线。滞后环与毛细凝聚的二次过程有关。

Ⅳ型吸附等温线各段所对应的物理吸附机制如图 17.3 所示。

第一段,先形成单层吸附,拐点 B 指示单分子层饱和吸附量。

第二段,开始多层吸附。

第三段,毛细凝聚,其中,滞后环的始点,表示最小毛细孔开始凝聚;滞后环的终点,表示最大的孔被凝聚液充满;滞后环以后出现平台,表示整个体系被凝聚液充满,吸附量不再增加,这意味着体系中的孔是有一定上限的。

⑤Ⅴ型等温线

较少见,且难以解释,虽然反映了吸附剂与吸附质之间作用微弱的Ⅲ型等温线特点,但在高压区又表现出有孔充填。有时在较高 P/P_0 区存在毛细管凝聚和滞后环。

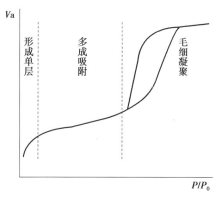

图 17.3　Ⅳ型吸附等温线各段所对应的物理吸附机

等温线的形状密切联系着吸附质和吸附剂的本性,对等温线的研究可以获取有关吸附剂和吸附质性质的信息。例如,由Ⅱ或Ⅳ型等温线可计算固体比表面积;Ⅳ型等温线是中等孔(孔宽为 2~50 nm)的特征表现,同时具有拐点 B 和滞后环,被用于中等范围孔的孔分布计算。

五、计算理论及公式

1.比表面积计算一般原理

比表面积是每克固体物质所具有的表面积。由吸附法测定比表面积其计算的要点是:由各个不同相对压力下测定的吸附量,即吸附等温线,求出相应于吸附剂表面被吸附质覆盖满单分子层时的吸附量的单分子层饱和吸附量,然后再根据每一吸附质分子在吸附剂表面所占有的面积及吸附剂质量,计算出吸附剂的表面积。

由各相对压力下的吸附量,即吸附等温线,求单分子层饱和吸附量的方法有许多种,较常用的是根据 B. E. T. 方程式。

2. 孔径分布计算一般原理

孔体积按孔尺寸大小的分布简称孔径分布或孔分布。

为了便于数学表达和计算,人们常假定各种规整几何形状的等效孔模型来对实际孔隙作添加平均的逼近。通常用的模型有圆筒孔、平行板孔以及球腔形孔等效模型等。平行板孔的两个主曲率都等于零,球腔形孔的两个主曲率都等于同一圆曲率,平行板孔及球腔形孔各代表了一种极端情况。圆筒孔的两个主曲率一个为零,一个为某一圆曲率,介乎平行板孔和球腔形孔之间,与两者相比,圆筒孔对于多数孔隙来说是统计最佳模型,最常用。以圆筒孔等效模型为例,在此情况下,多孔固体的孔隙被许多半径不同的圆筒孔来代表,这些圆筒孔按大小分成许多组。当这些孔隙处在一定温度下(如液氮温度下)的某一气体(如氮气)的环境中,则有一部分气体在孔壁吸附。进一步,如果该气体冷凝后对孔壁可以润湿的话(如液氮在大多数固体表面上可以湿润),则随着该气体的相对压力逐渐升高,除气体在个孔壁的吸附层厚度逐步增加外,当达到与某组孔径相应的临界相对压力时,还发生毛细孔凝聚现象。半径越小的孔越先被凝聚液充满,随着该气体的相对压力不断升高,半径较大一些的孔相继被凝聚液充满,而半径更大的一些孔,孔壁吸附层则继续增厚。当相对压力达到 1 时,所有孔都被充满,并且在一切表面上都发生凝聚。

相反,随着该气体压力由 1 开始逐渐下降,半径由大到小的孔则依次蒸发出孔中的凝聚液,并且孔壁留下与平衡相对压力相应的厚度的吸附层,孔越小,相对应的蒸发相对压力越低,而蒸发放空。

由毛细孔中的热力学原理可知,发生蒸发时,其孔的临界凯尔文半径与临界相对压力 x 的关系为

$$rk = \frac{-2rv_{\mathrm{m}}\cos\phi}{RT\ln x} \tag{17.1}$$

而临界孔半径 r 则为

$$r = rk + t \tag{17.2}$$

这里认为凝聚液的表面张力及克分子体积与大块液体的相同。以氮作吸附质,在液氮温度达到平衡时,有 $T = 77.3\ °K$,$V_{\mathrm{m}} = 34.65\ mL/$克分子,$r = 8.85$ 达因/cm,$\phi = 0°$ 以及有 $R = 8.315 \times 10^7$ 尔格/度·克分子。于是凯尔文方程式可变为

$$rk = -4.14(\log_{10} x)^{-1}(Å) \tag{17.3}$$

对于未充满凝聚液的孔来说,其壁上吸附层厚度与相对压力的关系为

$$t = t_{\mathrm{m}}\left(\frac{-5}{\ln x}\right)^{\frac{1}{3}} \tag{17.4}$$

t_{m} 为单分子层厚度,氮的 $t_{\mathrm{m}} = 4.3Å$,郝尔赛方程可变为

$$t = -5.57(\log_{10} x)^{-\frac{1}{3}}(Å) \tag{17.5}$$

上面所述的吸附和凝聚想象,是计算孔径分布所依据的基本原理,式(17.3)及(17.5)是

计算孔径分布的基本关系式。这里所有的凯尔文方程(17.1)是基于气液界面为球界面弯月面,对圆筒孔模型,只适用于脱附分支。

3.计算公式

(1)BET 多点法求待测样品单分子层吸附量 V_m

BET 公式为

$$\frac{x}{V_{待}(1-x)} = \frac{1}{V_m C} + \frac{(C-1)x}{V_m C}$$

式中:x——N$_2$ 分压 P/P_0(0.05<x<0.30);

V_m——多点法每克待测样品表面形成单分子层所需要的 N$_2$ 体积,mL/g;

$V_{待}$——每克待测样品所吸附气体体积(标况),mL/g;

C——BET 常数。

以 $x/[V_{待}(1-x)]$ 对 x 作图,用最小二乘法,可得一直线,其斜率 $a=(C-1)/(V_{m多}C)$,截距 $b=1/(V_m C)$,由此可得

$$V_m = \frac{1}{a+b}$$

(2)BET 多点法求待测样品比表面积 S_{BET-M}(单位:m^2/g)

$$S_{BET-M} = 4.36 \times V_m$$

(3)BET 常数 C_{BET}

由 a 为 $(C-1)/V_m C_{BET}$,得

$$C_{BET} = \frac{1}{1-aV_m}$$

(4)BET 单点法求待测样品单分子层吸附量 V_{m-s}

$$V_{m-s} = V_{待}(1-x)$$

式中:V_{m-s}——单点法每克待测样品表面形成单分子层所需要的 N$_2$ 体积(标准状况下),mL/g;

x——N$_2$ 分压(0<x<1)。

(5)BET 单点法求待测样品比表面积 S_{BET-s}(单位:m^2/g)

待测样品比表面积 S_{BET-s} 可由下式求得

$$S_{BET-s} = 4.36 \times V_{m单} C_{单}$$

式中:$C_{单}$——单点法校正系数。

(6)朗格缪尔(Langmuir)比表面积 $S_{Langmuir}$(单位:m^2/g)

$$\frac{x}{V_{待}} = \frac{1}{b V_m} + \frac{x}{V_m}$$

其中,b 为朗格缪尔常数,b 的大小代表了固体表面吸附气体能力的强弱程度。

x 在 0.05~0.35 内取 3~5 点,由 $x/V_{待}$ 对 x 作图,斜率为 $1/V_m$,则

$$V_m = \frac{1}{斜率}$$

$$S_{\text{Langmuir}} = 4.36 \times V_{\text{m}}$$

（7）朗格缪尔平衡常数 b_{Langmuir}

$$b_{\text{Langmuir}} = \frac{1}{\text{截距} \times V_{\text{m}}} = \frac{\text{斜率}}{\text{截距}}$$

（8）统计吸附层厚度比表面积即外比表面积（STSA）$S_{\text{外}}$ 的计算

等距离取 N_2 分压 x 在 $0.2 \sim 0.55$ 内的数据 3 个以上，统计吸附层厚度 t 为

$$t = 0.88x^2 + 6.45x + 2.98$$

以 $V_{\text{待}}$ 为 y 轴，t（单位为 10^{-10} m）为 x 轴，作 $V_{\text{待}}$-t 图，用线性回归法求 $V_{\text{待}}$-t 图的斜率 T，有

$$S_{\text{外}} = 15.47TC_{\text{外}}$$

式中：$C_{\text{外}}$——外比表面校正系数。

若 $V_{\text{待}}$-t 图出现了负截距，则强制使 S_{STSA} 的报告值等于 BET 多点法比表面积 S_{a}。

（9）理想模型平均粒径估算值 d（单位：μm）

球形模型的平均直径：

$$d_{\text{球}} = \frac{6C_{\text{粒}}}{S_{\text{a}}\rho}$$

立方体模型平均体对角线长：

$$d_{\text{立方}} = \frac{12C_{\text{粒}}}{S_{\text{a}}\rho}$$

薄片状模型的面对角线长度（设长宽厚比为 $10:10:1$）：

$$d_{\text{片}} = \frac{33.9C_{\text{粒}}}{S_{\text{a}}\rho}$$

圆柱针状模型平均长度（设长与直径比为 $10:1$）：

$$d_{\text{针}} = \frac{48C_{\text{粒}}}{S_{\text{a}}\rho}$$

式中：ρ——样品密度，g/cm³；

$C_{\text{粒}}$——模型粒度估算表面粗糙形态校正因子。

（10）BJH 法孔径分布计算

BJH 法基于孔的圆筒模型，并认定在毛细孔凝聚以前孔内已发生了多层吸附，如图 17.4 所示。

r_{p}、r_{k} 是相对压力 p/p_0 下的孔半径和 Kelvin 半径；Δt 是相对压力 p/p_0 减小一定值时，吸附层解凝出的吸附层厚度，ΔV 就是吸附层 Δt 对应的标准状态下的体积，该值可以在吸附等温线上直接读出。

$$V_{pn} = R_n\Delta V_n - R_n\Delta t_n \sum_{j=1}^{n-1} c_j A_{pj} \qquad c = \frac{(\bar{r_{\text{p}}} - \bar{t_{\text{r}}})}{\bar{r_{\text{p}}}}; R_n = \frac{r_{pn}^2}{(r_{kn} + \Delta t_n)^2}$$

$$\Delta S_{pj} = \frac{2\Delta V_{pj}}{\bar{d_j}} \qquad R_{pi} = \frac{\bar{d_i}}{d_i - 2\bar{t_i}}$$

（11）MK-plate 法（平行板模型）孔容孔径分布

$$\Delta V_{pi} = R_{pi}\left(\Delta v_i - \Delta t_i \sum_{j=1}^{i-1} \Delta S_{pj}\right)$$

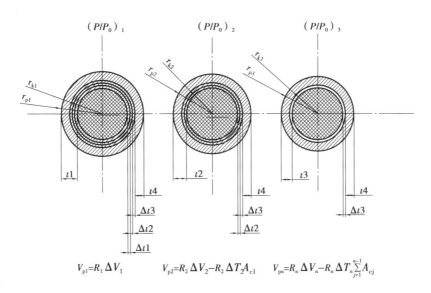

图 17.4　多层吸附和毛细孔凝聚填充满的中孔发生脱附的过程

（12）t-plot 法（Boder）微孔分析

$$VV_i(\text{mL/g}) = 10^{-4} \times V\sigma_i(\text{m}^2/\text{g}) \times \bar{t}_i(\text{Å})$$

其中，$\bar{t}_i = \dfrac{1}{2}(t_{i-1} + t_i)$，$V\sigma_i \equiv (\sigma_{i-1} - \sigma)$。

（13）MP 法（Brunauer）微孔分析

$$\Delta V_i = \frac{\Delta S_i \bar{t}_i}{10\,000} \qquad\qquad \Delta S_i = 10^4\frac{\Delta v_i}{t_i}$$

（14）D-R 法（Dubinin-Astakhov）微孔分析

$$\text{Log}W_i = \text{Log}W_0 - 0.434K(\text{Log }x_i)^2$$

六、实验步骤

①称样。当待测样品比表面较小时，称样量应多一些；当待测样品比表面较大时，则称样量应少一些。具体称样量与比表面对照建议量见表 17.1。

表 17.1　具体称样量与比表面对照建议量

待测样品比表面积范围	待测样品装样量
小于 10 m²/g	振实多装，距球体顶部 3～5 mm
10～50 m²/g	500～2 000 mg
50～100 m²/g	200～1 000 mg
100 m²/g 以上	100～300 mg

②开氮气。打开吹扫气源高纯 N_2 气瓶［先打开钢瓶总阀（逆时针旋转半圈至一圈即可），再打开减压阀阀门（顺时针往内拧紧为开，逆时针往外拧松为关）］，通过调节减压阀开关使钢

瓶减压阀出压力 0.2 MPa 左右。

③打开仪器右侧右下方的总电源。

④打开软件,听到"嘀"声,表示通信正常,软件界面底部状态条会显示仪器状态信息。

⑤样品吹扫脱气处理。步骤一,安装样品管。将样品管插入试管夹套内,夹紧螺母应拧紧,拧不动为止,以防漏气。在没有样品管的脱气位装上玻璃塞。步骤二,装电炉。将加热炉接线端口接在相应端口上,将加热炉套在样品管上。步骤三,点"脱气"进入脱气控制界面;选定温控表,检查设定温度(该设定上限为 300 ℃,若试样安全温度较高,建议通常设定为200 ℃;吹扫温度应低于试样安全温度 25 ℃以上);设置吹扫时间,点击"定时开始"开始计时,时间到后,蜂鸣提示。脱气时间为 60～180 min。步骤四,点"开始"即可开始脱气过程。

⑥默认脱气模式为"高效分子置换模式",若要修改可进入"模式"界面进行修改;"高效分子置换模式"过程为:加热,抽真空→充氮→抽真空→充氮,循环过程,直到定时结束;"普通模式"模式为:加热,抽真空,直到定时结束;"高效分子置换模式"中的"抽气时长"表示当到达真空状态后继续抽真空的时间长度,而非抽真空时间长度。

⑦吹扫完毕或定时结束后,取下加热炉;待样品管恢复常温后再转移至测试位。

⑧进入"测试过程界面",如图 17.5 所示,点击"设置"进入测试设置页面;根据右侧帮助信息进行设置。

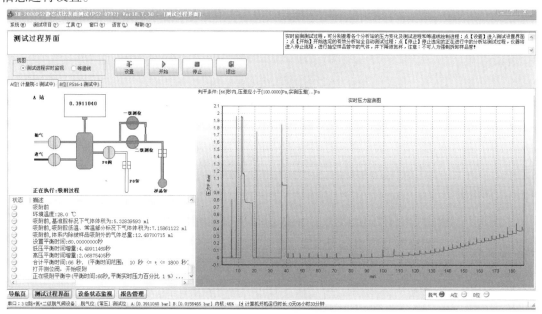

图 17.5　测试过程界面

a. 选择有效分析站。A、B、P_0 分析站共用一个液氮杯。

b. 对选中分析站的内容进行设置。样品名称和质量不能为空;输入比表面范围可减少试投气次数,提高测试速度。

c. 对该分析站的分压点进行设置。点击"设置分压点至"可修改分压点设置,如图 17.6 所示。

d. 选择 P_0 获得方式。P_0 获得方式中的"默认值"为最近一次的实测值,选"默认值"则采用最近一次的测试值;选"测量"则进行重新实际测量 P_0(此过程耗时 5 min)。

e. 目标压力值设置界面。选择所需要进行的等温线测试过程,点击"生成目标"。

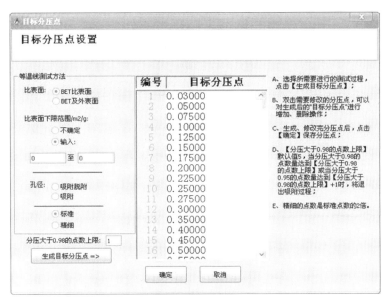

图 17.6　设置分压点

f. "压力值"。生成的目标压力为程序推荐的默认分压点,人为可以对生成后的"目标压力值"进行增加、删除操作;需要重点分析的分压段可适当增加分压点;生成、修改完成后,点击"确定"。

g. 点击"停止"。停止选定的正在进行中的分析站测试过程,仪器将进入停止流程,进行抽空样品管中的气体,并下降液氮杯。注意,不可人为强制拆卸样品管。

⑨设置完成后点击"保存"返回测试过程界面;点击"开始",选择需要开始的分析站,单击"确定"开始分析过程;可通过"测试过程实时监测"和"等温线"来查看各个分析站的测试进程;测试完成软件会蜂鸣 5 声提示。

注意:测试结束后,应在软件关闭结束后,再关闭仪器总电源和钢瓶阀门;软件在关闭时需要将系统配置参数写入仪器芯片,不可在软件关闭过程中关闭仪器电源,此操作可能造成仪器系统参数数据丢失;若无意中造成数据丢失,则应将备份的系统参数进行恢复即可。

⑩报告管理界面

a. 数据库默认将 7 d 内的测试数据展示出来,若需要查看更早数据,修改时间段进行查询。

b. 选中所需要查看的报告,点击"编辑"或直接双击即可查看编辑该测试数据。

c. 可永久删除选中数据。

d. 可将选中的测试数据导出数据库,进行单独保存。

e. 可将单独保存的数据导入数据库中,进行查看管理。

⑪数据处理界面

a. 对报告的其他相关信息进行设置、修改后,点击"保存"。

b. 点击"生成报告"可查看、打印、导出所生成的报告;导出的报告格式为 PDF 格式。

c. 通过"删除"可对异常的分压点进行删除。

d. 通过"添加"可补充需要的分压点数据,该数据需要人为估算。

e. 若分压点数据不足,可能使部分报告不能生成。

实验十八
煤层自燃发火倾向性鉴定

建议学时:8
实验类型:综合
实验要求:必做

一、实验目的

学会煤层自燃发火倾向性鉴定的方法。

二、实验要求

加深煤层自燃知识的理解,学会进行煤层自燃倾向性鉴定。

三、实验设备

煤层自燃发火倾向性鉴定系统如图 18.1 所示。

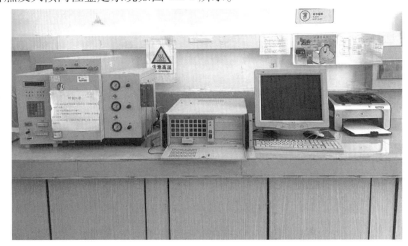

图 18.1 煤层自燃发火倾向性鉴定系统

四、实验原理

1. 仪器常数的测定

在与吸氧量测定的条件一致的条件下,用样品管以旁侧气路扣除死体积的方法测定仪器常数。

仪器常数 K 可计算为

$$K = \frac{aV_s}{S_0 \cdot R_c} \times \frac{273P_0}{1.013\,3 \times 10^5 T} \tag{18.1}$$

式中:K——仪器常数,$\min/\text{mV} \cdot \text{s}$;

　　a——氧的分压与大气压之比;

　　V_s——样品管的体积,cm^3;

　　S_0——与样品管体积 V_s 相对应的峰面积,$\text{mV} \cdot \text{s}$;

　　R_c——载气流速,$\text{cm}^3/\min$;

　　P_0——实验条件下的大气压,Pa;

　　T——实验条件下的柱箱温度,K。

2. 吸氧量的测定与计算

本方法采用仪器常数法测定煤的吸氧量。

①将处理好的煤样,在柱箱温度为 30 ℃,热导温度为 80 ~ 100 ℃,载气氮流量为 $(30 \pm 0.5)\text{cm}^3/\min$,吸气氧流量为 $(20 \pm 0.5)\text{cm}^3/\min$ 的条件下,吸附氧气 20 min 后,测定脱附峰面积 S_1。

②将煤样倒出,在相同的条件下,同一样品管空管吸附氧气 5 min,测定脱附峰面积 S_2。

将 S_1、S_2 及其他测试条件实测参数代入下式计算吸氧量值:

$$V_d - K \cdot R_{C1}\left(S_1 - \left(\frac{\alpha_1 R_{C1}}{\alpha_2 R_{C2}} \times S_2\left(1 - \frac{G}{d_{TDR} \cdot V_s}\right)\right)\right) \times \frac{1}{(1 - W_Q) \cdot G} \tag{18.2}$$

式中:V_d——煤的吸氧量,$\text{cm}^3/(\text{g} \cdot \text{干煤})$;

　　K——仪器常数,$\min/\text{mV} \cdot \text{s}$;

　　R_{C1}——实管载气流量,$\text{cm}^3/\min$;

　　R_{C2}——空管载气流量,$\text{cm}^3/\min$;

　　α_1——实管时氧的分压与大气压之比;

　　α_2——空管时氧的分压与大气压之比;

　　S_1——实管脱附峰面积,$\text{mV} \cdot \text{s}$;

　　S_2——空管脱附峰面积,$\text{mV} \cdot \text{s}$;

　　G——煤样质量,g;

　　d_{TRD}——煤的真密度;

　　V_s——样品管体积,cm^3;

　　W_Q——煤样全水分,$\%$。

以每克干煤在常温(30 ℃)、常压($1.013\,3 \times 10^4\,\text{Pa}$)下的吸氧量作为分类的主指标,煤的自燃倾向性等级按表18.1、表18.2分类。

表 18.1 褐煤、烟煤类自燃倾向性分类表

自燃倾向性等级	自燃倾向性	煤的吸氧量/$[cm^3 \cdot (g \cdot 干煤)^{-1}]$
I	容易自燃	≥0.71
II	自燃	0.41 ~ 0.70
III	不易自燃	≤0.40

表 18.2 高硫煤、无烟煤[①]自燃倾向性分类表

自燃倾向性等级	自燃倾向性	煤的吸氧量/$[cm^3 \cdot (g \cdot 干煤)^{-1}]$	全硫
I	容易自燃	≥1.00	>2.00
II	自燃	≤1.00	≥2.00
III	不易自燃	≥0.80	<2.00
①含可燃挥发分≤18.0%			

3. 允许误差

煤吸氧量测定结果的允许误差不得超过表 18.3 的规定。

表 18.3 煤吸氧量测定的平行实验误差

同一实验室	不同实验室
0.05	0.10

五、实验步骤

(一)测定前的准备工作

1. 煤样的采取

按《煤层煤样采取方法》(GB 482—2008)规定采取煤层煤样,同时应符合 GB/T 20104—2006《煤自燃倾向性色谱吸氧鉴定法》(GB/T 20104—2006)附录 B 的要求。

2. 煤样的制备与管理

按《煤样的制备方法》(GB 474—2008)有关规定,同时应符合下列要求:

①煤样水分影响进一步粉碎时,自然干燥后将全部煤样破碎至 10 mm 以下,用堆锥四分法缩分至 100 ~ 150 g,用于制备分析用煤样,其余煤样按原包装密封后封存,作为存查煤样。

②煤样粉碎时,必须使 100 ~ 150 g 分析用煤样全部粉碎至 0.15 mm 以下,并要求 0.10 ~ 0.15 mm 的粒度应占 70% 以上。

③粉碎后的煤样在广口瓶内密封保存,并在 30 d 内完成各项测定。

④送检煤样及分析煤样在分析报告发出后保存 6 个月。

3. 相关煤质参数测定

①煤的工业分析按《煤的工业分析方法》(GB/T 212—2008)进行。

②煤中全硫测定按《煤中全硫的测定方法》(GB/T 214—2007)进行。

③煤的真相对密度测定按《煤的真相对密度测定方法》(GB/T 217—2008)进行。

4.煤样的预处理

将 1.000 0 g 制备好的煤样装入样品管中,调整氮气流量为(30±0.5)cm/min,在柱箱温度为 105 ℃ 的条件下处理 1.5 h。

(二)仪器常数的测定

①仪器在使用过程中,仪器常数的测定应至少每两个月进行一次。

②仪器在变更使用地点或使用环境时,应重新测定仪器常数。

③仪器常数的测定按旁侧气路扣除死体积法测定,具体步骤如下(以 1 路为例):

a.将 4 支空样品管分别装在 4 路气路上,确保其密封。

b.1 路样品管吸附氧气 5 min。

c.将 1 路换向阀扭到"关"位置,让其他任何一路换向阀处于"开"位置,将六通阀位于脱附位置,保持 2 min,冲洗排除样品管以外气路内的氧气。

d.其他气路换向阀处于"关"位置,打开 1 路换向阀脱附 2 min,记录脱附峰面积 S。

e.上述 b—d 步骤重复 10 次。

f.当 10 次测定的脱附峰面积平均相对偏差 d_s 小于或等于 0.05 时,计算其平均值作为该样品管的体积 S_a。脱附峰面积平均相对偏差 d_s 大于 0.05 时,应重新测定。脱附峰面积平均相对偏差 d_s 可计算为

$$d_s = \frac{\sum_{i=1}^{10} |S_{0i} - \bar{S}_0|}{10\bar{S}_0} \tag{18.3}$$

式中:d_s——脱附峰面积测定的平均相对偏差;

　　　S_{0i}——第 i 次测定的脱附峰面积,mV·s;

　　　$\bar{S}_0$——10 次测定的脱附峰面积的平均值,mV·S。

g.按照下式计算仪器常数:

$$K = \frac{\alpha V_s}{S_0 \cdot R_c} \times \frac{273 P_0}{1.013\ 3 \times 10^5 T} \tag{18.4}$$

式中:K——仪器常数,min/(mV·s);

　　　α——氧的分压与大气压之比;

　　　V_s——样品管的体积,cm³;

　　　S_0——与样品管体积 V_s 相对应的平均峰面积,mV·s;

　　　R_c——载气流速,cm³/min;

　　　P_0——实验条件下的大气压,Pa;

　　　T——实验条件下的柱箱温度,K。

(三)煤样吸氧量的测定

①打开氧、氮气瓶的阀门,使各自的输出压力为 0.3 MPa。

②煤自燃倾向性测试样品管(图 18.2)1、2、3、4 分别装入(1.00±0.01)g 煤样,尽量装在腹部,用玻璃棉堵住样品管两端,对应装入 1、2、3、4 路。打开 N_2,输出压力 0.3 MPa,分别打开 4 路

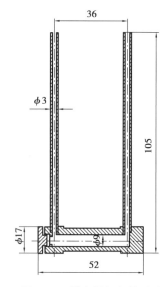

图 18.2　煤自燃倾向性测试专用样品管结构示意图

开关阀,六通阀拨到脱附位置。用皂膜流量计测定载气 N_2 流量并把流量调到 (30 ± 0.5) mL/min,测定吸附气 O_2 流量并把流量调到 (20 ± 0.5) mL/min,并记录实测值。箱设为 105 ℃,热导 60 ℃,桥温、衰减 1。柱箱温度降到 30 ℃,基线直后,就可以测定吸氧量了。

③打开 1 路开关阀,关 2、3、4 路开关阀,六通拨到脱附位置。测定 N_2:(30 ± 0.5) mL/min,O_2:(20 ± 0.5) mL/min,六通阀拨到吸附位置 20 min,之后六通阀拨到脱附位置→同时启动工作站,开始出峰→峰出完后单击结束 A,记下峰面积 $A_{实}$。

④六通阀拨到吸附位置,取下样品管,去掉煤及玻璃棉,装上 1 路,六通阀拨到脱附位置。测定 N_2:(30 ± 0.5) mL/min,O_2:(20 ± 0.5) mL/min,六通阀拨到吸附位置 5 min,之后六通阀拨到脱附位置→同时启动工作站,开始出峰→峰出完后单击结束 A,记下峰面积 $A_{空}$。

⑤把挥发分、灰分、全硫、真相对密度、全水分、煤种等其他所需参数输入吸氧量公式求出吸氧量。

⑥打印出鉴定结果。

⑦关计算机和测定仪,随后关闭氧、氮气瓶的阀门。

六、注意事项

①测定吸氧量的各项条件与测定仪器常数时的条件应保持一致。

②测定时六通阀切换时间与出峰结束时间应注意一致性。

③计算结果时应注意峰面积基线截取位置。

七、思考题

为什么要进行煤自燃倾向性鉴定?

附录 B　（规范性附录）煤层自燃倾向性鉴定采样方法

B.1 总则

本采样方法适用于煤自燃倾向性色谱吸氧鉴定法测试煤样的采取。

B.2 设计矿井前,或延伸水平,或开采新区之前,即对所有开采煤层和分层的采煤工作面或掘进工作面采取有代表性的原始煤样。

B.3 同一采样区域（如矿井、水平、煤层、采区、工作面等）采取的煤层煤样不得少于两个。

B.4 采样地点符合下述情况之一时应分别加采煤样,并描述采样地点的具体情况:

B.4.1 地质构造复杂、破坏严重（如有褶曲、断层等造成破坏带及岩浆侵入等情况）的地带;

B.4.2 煤岩成分在煤层中分布状态明显,如镜煤和亮煤集中存在,并含有丝炭的地点;

B.4.3 煤层中富含黄铁矿的地点。

B.5 采取矸石堆样品或在露天矿采样时,应按有关规定布置采样点,采取有代表性的煤样,开采台阶较高时要在有代表性的区段上采样。

B.6 采样时,先把煤层表面受氧化的部分剥去,再将采样点前面的底板清理干净,铺上帆布或塑料布,然后沿工作面垂直方向画两条线,两线之间宽度为 100~150 mm,在两线之间采下厚度为 50 mm 的煤作为初采煤样。

B.7 把采下的初采煤样打碎到 20~30 mm 大的粒度,混合均匀,依次按堆锥四分法,缩分到 1 kg 左右,作为原煤样装入铁筒(或较厚的塑料袋)中,封严后送试验室或寄运。

B.8 新采煤层或分层首次采样进行自燃倾向性鉴定时,必须在同一煤层或分层的不同地点采取 2~3 个煤样进行鉴定。

B.9 地质勘探钻孔取煤芯样:

B.9.1 从钻孔中取出煤芯,立即将夹石、泥皮和煤芯研磨烧焦部分等清除,必要时将煤芯用水清洗,但不要泡在水中;

B.9.2 将清理好的煤芯立即装入铁筒(或厚塑料袋)中,封严送试验室或寄运;

B.9.3 所取煤芯同样应具有代表性,并注明煤层、厚度和倾角等条件。

B.10 每个煤样必须备有两张标签,分别放在装煤样的容器(务必用塑料袋包好,以防受潮)中和贴在容器外,标签按要求填写,字迹要清楚。

B.11 标签:

B.11.1 委托煤样编号;

B.11.2 单位名称;

B.11.3 煤层名称;

B.11.4 煤种(按国家分类标准);

B.11.5 煤层厚度;

B.11.6 煤层倾角;

B.11.7 采煤方法;

B.11.8 自燃发火期(经验发火期);

B.11.9 采样地点;

B.11.10 采样日期、采样人;

B.11.11 其他需要说明的情况。

实验十九
矿井火灾综合模拟演示、井下综合防尘模拟演示

建议学时:2
实验类型:演示
实验要求:必做

一、实验目的

通过实验,加深对矿井内火灾危险性的认识和对课本理论知识的理解;通过实验能够加深对矿井防灭火知识的认识和理解;加深认识并理解粉尘对作业人员健康的影响以及对矿井可能产生的危害,知晓并理解所采取的防尘措施。

二、实验要求

①通过矿井火灾综合模拟演示使学生认识到矿井内外因火灾的危险,认识和了解火灾束管监测系统的作用,并对防灭火措施有所认识和了解,增强防灾避灾的自觉性。

②通过井下综合防尘模拟演示,认识了解矿尘的危害性和对煤矿井下作业人员身体健康和生命安全的影响,以及对煤矿可能造成的严重危害,了解并知晓煤矿生产过程中可采取的防尘措施,重视粉尘危害。

三、实验设备

矿井火灾综合模拟实验装置(图19.1)、井下综合防尘模拟系统模型。

(一)矿井火灾综合模拟演示

矿井火灾综合模拟演示主要模拟了矿井火灾及火灾束管监测系统。火灾束管监测系统是对井下重点区域的气体(CO、CO_2、CH_4、O_2)等成分、浓度进行分析、判断、预测,为提前干预提供准确的数据支持,为煤矿自燃火灾和矿井火灾事故的防治工作提供科学依据。通过模型的演示使学生对矿井火灾及火灾束管监测系统有所认识和了解,增强防灾避灾的自觉性。

1.火灾束管监测系统的组成

火灾束管监测系统主要由3个部分组成:

①地面监测室:由系统控制工控机、打印机、氮氢空一体机、气相色谱仪、气体采样控制柜

图 19.1　矿井火灾综合模拟实验装置

等组成,主要完成测定数据的获取、存储、分析。

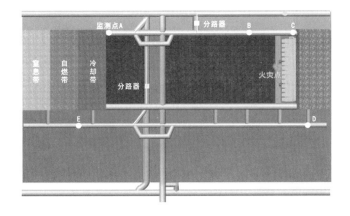

图 19.2　矿井火灾束管监测系统界面

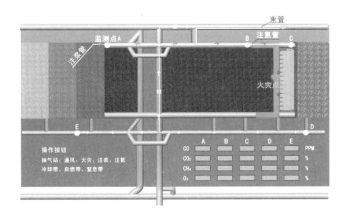

图 19.3　矿井火灾束管监测系统界面

②抽气室:由真空泵机组、储气罐、采样控制箱等组成,主要完成将井下气体抽至地面监测室。

③束管系统:主要完成井下气体的采集和气体样本地面输送,由井下束管系统、分路控制箱等组成。

2.操作步骤

①接通电源,打开计算机,点击桌面上"矿井火灾"图标,弹出"矿井火灾束管监测系统界面"。

②打开模型控制面板上的"电源"开关,模型演示系统供电。

③打开"抽气室"开关,模拟监测的红灯和束管系统白色流水灯亮起,模拟井下气体抽至地面。计算机显示屏上显示块显示抽至地面的气体(CO、CO_2、CH_4、O_2)分析数据的变化。此变化范围为矿井井下环境安全的正常指标(表 19.1)。

表 19.1　煤矿井下环境安全正常指标变化(有害气体最高允许浓度)

名称	最高允许浓度/%
一氧化碳 CO	在 0.0▶---◀0.002 4% 之间变化
二氧化碳 CO_2	在 0.0▶---◀0.1% 之间变化
氧气 O_2	在 18%▶---◀20.9% 之间变化
瓦斯 CH_4	在 0.1%▶---◀1.0%▶---◀2.0% 之间变化

注:A、B、C、D、E 等点数据变化有差别。

④打开"通风"开关,演示矿井通风系统,灯光的流动方向表示正常通风时风流的方向,绿灯表示新风,黄灯表示乏风(表 19.2)。

表 19.2　A、B、C、D、E 等显示块上显示的指标

名称	最高允许浓度/%
一氧化碳 CO	在 0.0▶---◀0.001 5% 之间变化
二氧化碳 CO_2	在 0.0▶---◀0.8% 之间变化
氧气 O_2	在 19%▶---◀20.9% 之间变化
瓦斯 CH_4	在 0.1%▶---◀0.6% 之间变化

⑤打开"火灾"开关,模拟工作面火灾发生。由于火灾的发生,计算机显示屏上显示块显示的气体(CO、CO_2、CH_4、O_2)分析数据,发生超出正常指标的变化(表 19.3)。

表 19.3　工作面火灾发生后指标变化

一氧化碳 CO	B、C、D 监测点(上升) A、E 监测点(正常)	0.002 4%→→5.0%
二氧化碳 CO_2	B、C、D 监测点(上升) A、E 监测点(正常)	0.1%→→6.0%

| 氧气 O_2 | B、C、D 监测点（下降）
A、E 监测点（正常） | 在 20.9% →→→10.0 |
| 瓦斯 CH_4 | B、C、D 监测点（下降）
A、E 监测点（正常） | 在 2.0% →→→0.1% |

⑥打开"注氮"开关,模拟工作面火灾发生后注氮防灭火,工作面火灾慢慢熄灭。井下环境安全的正常指标恢复正常(表 19.4)。

表 19.4　工作面火灾熄灭后指标

一氧化碳 CO	在 0.0▶ - - - ◀0.002 4% 之间变化
二氧化碳 CO_2	在 0.0▶ - - - ◀0.1% 之间变化
氧气 O_2	在 18% ▶ - - - ◀20.9% 之间变化
瓦斯 CH_4	在 0.1% ▶ - - - ◀1.0% 之间变化

⑦打开"自燃带"开关,模拟采空区发生火灾自燃(表 19.5)。

表 19.5　自燃带灾害发生后指标

一氧化碳 CO	A 监测点（上升） B、C、D、E 监测点（正常）	0.002 4% →→→5.0%
二氧化碳 CO_2	A 监测点（上升） B、C、D、E 监测点（正常）	0.1% →→→6.0%
氧气 O_2	A 监测点（下降） B、C、D、E 监测点（正常）	在 20.9% →→→10.0
瓦斯 CH_4	A 监测点（下降） B、C、D、E 监测点（正常）	在 2.0% →→→0.1%

⑧打开"注浆"开关,模拟采空区发生自燃火灾后注浆防灭火,采空区自燃火灾慢慢熄灭。井下环境安全的正常指标恢复正常(表 19.6)。

表 19.6　采空区自燃火灾熄灭后指标

一氧化碳 CO	在 0.0▶ - - - ◀0.002 4% 之间变化
二氧化碳 CO_2	在 0.0▶ - - - ◀0.1% 之间变化
氧气 O_2	在 18% ▶ - - - ◀20.9% 之间变化
瓦斯 CH_4	在 0.1% ▶ - - - ◀1.0% 之间变化

⑨打开"冷却带"和"窒息带"开关,模拟采空区"三带"的区分。

⑩点击"实时曲线"后,界面上显示各监测数据实时曲线的变化:A 红线、B 绿线、C 蓝线、D 黄线、E 黑线。

⑪点击"历史曲线"后,界面上显示各监测数据历史曲线的变化。

⑫演示结束后将各开关复位。

3.注意事项

①演示前,检查各部位正常后方可供电。

②模型放置的地方要干燥且避免高温、日光长时间照射,以免有机玻璃变形开裂和电气元件损坏。

③操作时要严格按照计算机程序和操作说明操作。严禁在计算机上安装其他程序和使用带病毒的软盘,防止损坏现有程序。

④模型上使用 220 V 电源,严禁非专业人员操作,要有专人负责管理、维护和保养。

(二)井下综合防尘模拟演示

在煤矿生产和建设过程中产生的各种岩矿微粒统称为煤矿粉尘,简称矿尘。它是严重威胁煤矿安全生产的五大灾害之一,它不仅影响井下劳动环境和矿工的身体健康,而且大多数煤尘具有爆炸性,可引发煤尘爆炸(提示:有机粉尘具有爆炸性,如面粉、烟草粉尘,部分金属粉尘也能发生爆炸,生产过程中需要重视),造成矿工生命和国家财产的巨大损失。

本实验模拟了回采工作面、掘进工作面等的防尘措施,采用了水幕、煤体注水、皮带机洒水、掘进机头洒水、采煤机洒水。

模型具有光电显示功能(图 19.4)。

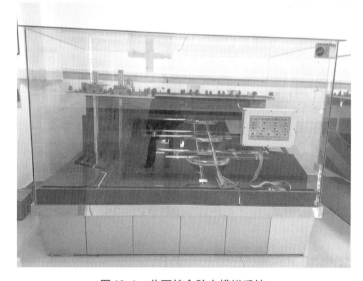

图 19.4　井下综合防尘模拟系统

1.操作步骤

①按下电源开关,再按下通风开关,流水灯显示风流的流向和变化,新鲜风流经过采煤工作面变为乏风。

②按下水幕开关,水幕灯点亮表示喷头喷水形成水幕。按下注水开关,水经钻孔注入煤体。按下相应的洒水开关,相应的位置开始洒水。

③演示完毕后,关掉"演示""电源"开关即可。

2. 注意事项

①严禁非专业人员接触线路。

②模型供电电压采用 220 V,严禁维修时带电作业,操作实验禁止触摸模型底板线路,以免触电。

③搬动模型时,小心轻放,以免电气元件脱落。

四、思考题

①煤矿矿井火灾按照引起的来源分为哪些?

②煤矿内因火灾有哪些?

③矿尘的危害有哪些? 对于煤矿而言,可采取的防尘措施有哪些?